新型农业机械化技术培训教材

新技术
新热点

农产品加工机械使用与维修

吴尚清　李　尚　主编

U0272250

中国农业科学技术出版社

图书在版编目（CIP）数据

农产品加工机械使用与维修／吴尚清，李尚主编．—北京：中国农业科学技术出版社，2011.11

ISBN 978 - 7 - 5116 - 0576 - 4

Ⅰ.①农… Ⅱ.①吴…②李… Ⅲ.①农副产品加工机 - 使用方法②农副产品加工机 - 维修 Ⅳ.①S226

中国版本图书馆 CIP 数据核字（2011）第 136863 号

责任编辑	朱 绯 马广洋
责任校对	贾晓红

出 版 者	中国农业科学技术出版社 北京市中关村南大街 12 号 邮编：100081
电 话	(010)82106638(编辑室) (010)82109704(发行部) (010)82109709(读者服务部)
传 真	(010)82106624
网 址	http://www.castp.cn
经 销 者	各地新华书店
印 刷 者	中煤涿州制图印刷厂
开 本	850mm ×1 168mm 1/32
印 张	4.125
字 数	104 千字
版 次	2011 年 11 月第 1 版 **2012 年 3 月第 3 次印刷**
定 价	12.00 元

《农产品加工机械使用与维修》
编委会

主　　编　吴尚清　李　尚

副 主 编　李允杰

编　　者　曹胜利　王学军

　　　　　周英兰　郑华平

前　言

随着改革开放的深入和现代社会商品化发展，农业加工机械化事业得到空前的发展，农村经济快速发展要求农民素质提高的同时，对新型的农业机械协助作业有了更高的要求。现在每当农忙的时候，各种农业加工机械走进田间地头，几乎所有的农业田间项目都能由机械参与完成。但是，我国农业面临一个重要问题就是，很多农民大都走出农村，到城市打工，谋求生路。农村妇女成了农村的主要劳动力，为帮助她们尽快掌握先进的农业科学技术，我们特编写此书。

本书一共包含八章。大体分为三个部分，第一部分主要涉及农业加工机械的使用，第二部分主要涉及农业加工机械的故障及维修，第三部分列举常用的农业机械，对其在使用中经常出现的故障进行概况，并讲述其维修方法。本书着重讲述基础知识，图文并茂，语言通俗易懂，有助于帮助农村广大农民朋友学习科学技术，共同致富。

在本书编写过程中，我们参考了诸多有关农业机械方面的教材、论文以及专著，在前人的基础上形成了自己的观点和思路。在此，对前人的工作表示无限的敬意与感谢！

由于编者水平有限，书中难免存在不足或有疏漏之处，恳请广大读者不吝批评、指正，以修正完善。不胜感谢！

编　者

目　录

第一章 农产品加工机械概述

第一节 加工机械的含义及使用意义

一、农村加工机械含义

农村用来对农副产品进行加工处理的中、小型机械设备，称之为农村加工机械。这些机械多数为农户所有，也有联户和乡村集体经营的。这些机械把农户和农村的农副产品加工处理变为商品，起到增值作用。这些机械的动力多数为电动机，也有用柴油机和小型拖拉机带动的。目前，我国农村的加工机械大体分为以下几类：碾米机械、磨粉机械、饲料加工机械、薯类加工机械、其他加工机械。

二、用好农村加工机械的现实意义

过去，农村发展加工机械，主要是代替石碾、石磨、石碓等笨重的加工工具，加快加工速度，以解放农村劳动力为目的。改革开放以来，农村加工机械不仅能达到上述目的，还成了农民发家致富的重要工具，农副产品的加工已发展为农民致富奔小康的一个重要途径。农村加工机械近年来发展很快，不仅数量增多，而且加工机械的类型种类不断增多，加工机械的质量和效率不断提高，技术水平进步很快。在农村出现了许多小加工厂、加工点和流动加工车等，不仅为农民服务，解决了部分农户加工难的问题，同时也赚到了加工费，增加了收入。特别值得提出的是，掌管这些加工厂点、操作机械的大部分是农村妇女，她们在致富路上不断开拓进取。

随着农村经济不断发展，科学技术水平不断提高，农业产业化不断优化升级，种、养、加、销成为产业化的重要环节，农村加工业将有很大发展，使用加工机械的队伍还会扩大。尽快普及机械构造原理、使用维护方法、安全操作和故障排除等方面的知识，是用好农村加工机械的重要前题。只有通过机械使用技术的普及，才能达到正确操作，安全生产，提高生产效率，降低机械损坏率，减少或杜绝事故发生，充分发挥农村加工机械的作用，实现农民发家致富的目的。

第二节 延长加工机械使用寿命

一、选购好机械

在购买加工机械时，首先要选好型号，再根据加工量的多少选择型号的大小，比如购买米面加工机械，首先要掌握服务区内有多大加工量，作业高峰时，如过年过节时每天有多大加工量。根据加工量的需要，选择具备相应生产率的机械。也就是说，加工量大，选型号大的；加工量小，选型号小的，避免造成浪费。

其次是根据动力情况，确定选购三相电源或是两相电源，还是柴油机、小拖拉机带动的机械。在选购其他加工机械时也一样，一要考虑工作量，二要考虑动力，避免造成浪费，增加成本。

三是选购质量良好的机械。同样型号的机械，在购买时要选国家定型的，质量合格的产品，要选技术水平高，设备先进，产品质量信誉好的国家定点生产厂家的产品，绝不能购买不合格产品。购买的机械一定要有使用说明书，出厂合格证，保修单等有关技术资料。机器上一定要有铭牌，比较大型的机械还需要有随机备件。

在购买机械时还要从以下方面检查产品质量：从机械外表检查，结构要紧凑，零件要齐全，完整光洁，螺丝紧固，表面油漆完好，焊接部位没有不牢固和开焊现象；机械的主要工作构件要仔细检查，不能有损坏和技术缺陷；各转动部件一定要转动灵活；各调节机构要灵敏有效。

二、安装好机械

当前农村加工机械分室内固定加工和室外流动加工两种。室内固定的加工机械，一般要选电源方便，交通便利，地方宽敞，有原料和产品存放场地的场所，一般多设在住房集中的村镇边缘。固定机械安装时，一定要打好水泥机座，机座上平面要基本水平，下好地脚螺丝。机械安装好后，要平稳牢固。本身不带电动机的机械，安装后主动轮一定要和动力电机的驱动轮中心线平行，保证动力传动平稳可靠。

流动加工机械多在临时场地安装，环境条件差，更需细心认真，安装后一定要牢固可靠，操作方便，动力传动平稳安全。农村中一些流动加工的机械，有的安装在拖车或农用三轮车上。加工机械用小拖拉机的动力传动装置带动，有的是皮带轮，有的是动力输出轴，均有一套专用的传动设备，这套传动设备一定要稳固、安全、可靠。

三、维护保养好机械

加工机械的维护保养主要有以下几项：①经常检查各部位螺丝，特别是各部位连接螺丝和安装固定螺丝，如有松动，应及时上紧。主要工作构件要经常检查，发现严重磨损或损坏要及时更换。主要工作构件使用到了说明书规定的时间，必须更换新品，以防突然损坏，造成重大事故。②经常检查调整各部间隙，使间隙保持正常，间隙过大或过小都容易造成机械损坏。③每天工作结束后，要停机清理各部堵塞物，清除各部油污脏物，保持机械清洁。在清理中，如发现螺丝松动要及时上紧；发现零件损坏要及时更换；发现其他故障要及时排除。每天作业完了，要按润滑部位加注润滑油，保证各部运转灵活。④按机械使用说明书要求，做好其他项目的维护保养工作。

四、做好安全生产工作

加工机械的安全生产工作非常重要，稍有疏忽就会造成重大事故。安全生产工作主要有以下几项：①加强安全生产教育。加工作业场地，除机械操作人员外，其他闲杂围观人员和加工用户，不要随意操作搬弄机械，不要过于靠近加工机械，以防事故发生。②加工机械的动力传动部位（多数为胶带传动）要安装安全防护罩，流动加工的机械也要加装安全防护罩，以防将人的衣服、头发等缠绕进去，造成人员伤亡。有的加工场地，在作业机械的四周安装上铁棍焊制的栏杆，使非操作人员不能靠近，这种做法很好，减少了事故的发生。③维护保养好机械。加强对加工机械检查保养，保证机械正常运转，可减少事故发生，保证安全生产。加工机械出现意外事故，多是因为传动部位没有安全防护罩，安装固定松动，运转不平稳，机械移动错位、翻转，机械主要工作构件松动损坏，高速旋转零件脱落甩出，造成人身伤害。因此，加强机械维护保养，使之经常处于良好技术状态，是保证安全生产的关键。使用好的机械和质量合格的零配件，也是保证安全生产的重要条件。④对正在作业中的机械，不能进行排除故障和清理堵塞，也不能进行维修保养，以上工作一定要在停车后进行。⑤注意用电安全，严防火灾发生。

第二章　农产品加工机械的使用

第一节　碾米机械的使用

一、胶辊砻谷机

胶辊砻谷机简称胶砻，它的主要工作构件是一对富有弹性的胶辊（图2-1）。两辊不等速相向转动，稻谷进入两辊间，受到胶辊的挤压和摩擦所产生的搓撕作用，给稻谷以挤压力和摩擦力，使稻壳破裂，与糙米分离。由于胶辊富有弹性，不易损伤米粒，所以胶砻具有出碎米率低，加工量大，脱壳率高等良好工艺性能，是目前砻谷设备中较好的一种，因而得到广泛使用。

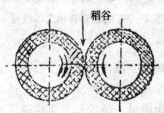
稻谷

图2-1　胶辊砻谷机基本工作构件——胶辊

胶辊砻谷机结构形式很多，一般都由喂料机构、胶辊、辊压（轧距）调节机构、胶辊传动机构、稻壳分离装置和机架等组成。

胶辊砻谷机工作过程如图2-2所示，稻谷由进料斗通过流量控制机构后，经喂料淌板均匀而准确地送入两胶辊间脱壳。脱壳后的砻下物由稻壳分离装置使稻壳与谷糙分开，谷糙由出料口流出机外，进行谷糙分离，稻壳由风机吹走。

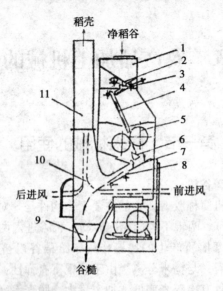

1. 进料斗；2. 闸门；3. 短淌板；4. 长淌板；5. 胶辊；6. 匀料斗；
7. 匀料板；8. 鱼鳞淌板；9. 出料斗；10. 稻壳分离室；11. 风管

图 2 – 2　胶辊砻谷机工作过程

二、砂盘砻谷机

砂盘砻谷机的基本工作构件是两个砂盘，上盘固定，下盘转动，谷物在两砂盘间隙内受到挤压、剪切、搓撕和撞击等作用而脱壳。其优点是结构简单，造价低，工作时不受气温影响，砂盘可以自行浇制，使用成本低；缺点是对糙米损伤大，产生碎米多，稻谷出米率低（图 2 – 3）。

砂盘砻谷机可分为带稻壳分离装置和不带稻壳分离装置两种。我国定型的砂盘砻谷机是带稻壳分离装置的。其结构上部为砂盘，下部为稻壳分离装置。轧距调节手轮在侧面，稻壳吸出风管在后面。传动轮装在砂盘下部，可用立式电动机装在机架上直接传动。稻谷由进料斗进入，流经流量控制闸门进入砂盘间脱壳。脱壳后的混合物进入稻壳分离装置，稻壳由风道吸走，谷糙

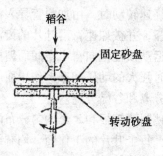

图 2 - 3 砂盘砻谷机主要工作构件

混合物由底部出料口流出。

三、离心砻谷机

离心砻谷机又称甩谷机，是利用谷粒与构件发生冲击碰撞而脱壳的一种砻谷机（图 2 - 4）。它的基本工作构件为金属甩盘和在它外围的冲击圈。稻谷由甩盘抛射到冲击圈上，借撞击作用脱壳。冲击圈有砂质（石制或金刚砂制）和胶质两种。砂质冲击圈使用寿命长，但出碎米率高。胶质冲击圈出碎米率低，但易磨损，使用寿命短。这种砻谷机具有结构简单，操作方便，脱壳率不受稻谷粒度影响，造价低廉等优点，缺点是出碎米率较高。

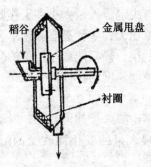

图 2 - 4 离心砻谷机主要工作构件

离心砻谷机是平轴式离心砻谷机的一种，它的工作过程是：

当甩料盘以逆时针高速转动时，由加料管导入的物料，先和转盘的下部叶片接触碰撞，并被加速，沿叶片的齿沟往外移动，及至盘边便靠其自身的运动惯性抛向自由空间而斜撞到冲击圈上，使大部分谷粒因受瞬时强大的动压和摩擦作用而脱壳。奢下物再送分离设备进行稻壳分离和谷糙分离。

甩盘是由两块整圆薄钢板和 8 个均匀分布的弧形铸铁叶片借长螺栓连成一体的，每个叶片的工作面，均有纵向齿沟，以促进叶片上谷流的疏散和谷粒的导向。

冲击圈的内表面呈截锥台阶形，锥角约 60°，一般采用橡胶这类具有弹性的材料，碎米率可以大大降低，但橡胶冲击圈易磨损，成本较高。

第二节　谷物收割机械的使用

联合收割机在作业过程中的合理使用和正确调整，是实现高效、低耗、优质、安全生产的重要保证。其主要内容如下：

一、脱粒的注意事项

1. 合理使用作业速度

作业速度的快慢决定喂入量大小和工作质量的好坏。作物产量高、密度大，谷草比大，茎秆潮湿和杂草多时，作业速度可适当慢。但作业速度的快、慢只能通过挡位的变换来实现，不允许用改变油门位置来控制速度的快慢。

2. 发动机只能以额定转速工作

作业过程中，不论喂入量如何变化，发动机只能以额定转速工作，决不允许因喂入量的变化而改变油门位置，改变发动机转速。

3. 割台高度的调整

根据作物长势、产量、倒伏情况灵活掌握，以不漏穗为原则。割茬高度一般以 100～180 毫米为宜。

4. 拨禾轮调整

拨禾轮的调整是否合理，直接影响切割质量和割台损失量。作业中应视作物生长情况，随时进行高低、前后、转速、压板位置和弹齿角度等的调整。

①拨禾轮高度调整：正常情况下，以压板打在株高的 2/3 处为宜。割倒伏或矮秆小麦时，拨禾轮应向低调，直到能扶起倒伏的作物为宜。最低位置时，弹齿最低点与切割器之间的间隙应不小于 20 毫米，以免打毁刀片。

②拨禾轮前后位置调整：正常情况下，拨禾轮轴线应位于割刀刀尖前 6～7 厘米。收割倒伏作物，倒伏方向与机器前进方向一致时（即顺倒伏方向），拨禾轮应前移，反之则后移。后移时，拨禾轮压板与割台推运器伸缩拨齿之间的最小间隙，不得小于 15 毫米，以免与拨齿相碰。

③拨禾轮弹齿角度调整：正常情况下，弹齿应处于垂直或向前 15°角，收割倒伏作物时，弹齿应向后呈 15°～30°角，以利于挑起倒伏秸秆。

④压板位置调整：收割直立而又低矮作物时，应向下调，收割重头作物时，压板应固定在中间位置或上部。收割倒伏作物时，应卸下压板。

⑤拨禾轮转速调整：拨禾轮转速应随作业时机器前进速度的变化而变化。合理的调整关系应当是：拨禾轮外缘线速度应为机器作业时前进速度的 1.5～1.7 倍。肉眼观察，被切割器切割时，作物应处于直立或稍向后倾斜状态为宜。

5. 滚筒与四板间隙的调整

这是联合收割机作业过程中最重要的调整。间隙大小直接影响脱粒质量。间隙大小的调整完全取决于作业条件的变化。正常情况下，一天之中，早、晚间隙调小，中午间隙调大。作物潮湿、杂草多时，间隙适当调小些，反之，间隙适当调大些。总的原则是：在保证脱粒干净的前提下，尽可能调大滚筒凹板间隙，以利于提高生产效率。绝对不允许因负荷大小而调整滚筒间隙。

6. 清选装置调整

工作中，上筛筛片开度应尽可能大些，以筛面不跑粮为原则。一般情况下，下筛开度为上筛开度的 1/3～2/3。正确调整筛片的开度，其粮食清洁率高，杂余推运器没有或只有极少量的籽粒。如果杂余推运器中混入大量籽粒，而调整筛片开度和风量效果仍不理想时，应调整筛子的倾斜角度。即将下筛后部调高；若粮食清洁度差，调整筛孔风量不理想时，应将下筛后部放低。

尾筛的正确调整能减少籽粒和断穗的损失。尾筛筛孔开度及倾角太大，使杂余量增加，严重时，造成杂余搅龙堵塞；尾筛筛孔开度和倾角太小，会出现籽粒、断穗，使损失增大。作业中应注意观察、检查并进行合理调整。

7. 风扇风量风向调整

根据作业的实际情况，配合清粮筛进行综合调整。其原则是：在筛面不跑粮的前提下，尽可能调大风量，以利提高粮食的清洁率。

8. 收割倒伏作物时的调整

收割倒伏作物应采取综合调整措施，尽量减少损失。具体实施应从 4 个方面入手：一是采取正确的运行路线。机组运行方向应与倒伏逆方向垂直或呈 45°角为最好；二是在切割器上装配扶倒器，将倒伏作物挑起来，以利于切割、喂入；三是合理调整拨禾轮位置、弹齿角度；四是适当放慢机器前进速度。

二、脱粒质量评定内容

评定脱粒质量的内容为：清洁率、包壳率、破碎率、断穗率 4 项指标。测定时，由颗粒升运器出粮口直接接取样品，不能取已流入粮箱或粮袋中的籽粒为样品。样品分 2 次间隔接取，每次取 1 000 克，然后用十字划线对角取样法，取出样品 100 克，从中分别选出破碎籽粒、包壳籽粒（取下粒壳）、断穗籽粒（小麦取下颖壳和穗梗，水稻取下枝梗）、完整籽粒（水稻包括带柄籽粒）及杂质，分别称重。计算方法如下：

1. 清洁率

样品中所有籽粒重量 $\sum W_{籽}$（完整籽粒、破碎籽粒、包壳籽粒和断穗籽粒）与样品总重量 $W_{样}$（所有籽粒重 $\sum W_{籽}$ 和取下的颖壳、穗梗和杂质等重量之和）之比为清洁率 $C_{清}$。

$$C_{清} = \frac{\sum W_{籽}}{W_{样}} \times 100\%$$

联合收割机收割的清洁率国家标准，收小麦应大于 98%，收水稻应大于 93%。

2. 破碎率

破碎籽粒重量 $W_{破}$ 与样品中所有籽粒重量之比，为破碎率 $C_{破}$。

$$C_{破} = \frac{W_{破}}{\sum W_{籽}} \times 100\%$$

联合收割机收割的破碎率国家标准，小麦的小于 1.5%，水稻小于 1%。

3. 包壳率

籽粒被颖壳全部紧密包裹者称为包壳（指小麦），其籽粒重 $W_{包}$ 与样品中所有籽粒重量之比为包壳率 $C_{包}$。

$$C_{包} = \frac{W_{包}}{\sum W_{籽}} \times 100\%$$

4. 断穗率

一粒或一粒以上籽粒带有穗梗（穗梗或一个空壳）以及两粒以上连在一起者，均称为断穗。其籽粒重量 $W_{断}$ 与样品所有籽粒重量之比，为断穗率 $C_{断}$。

$$C_{断} = \frac{W_{断}}{\sum W_{籽}} \times 100\%$$

第三节　磨粉机的使用

一、圆盘式磨粉机

1. 机型选择

目前全国各地生产圆盘式磨粉机的厂家很多，圆盘式磨粉机的型号规格主要是指磨片直径（毫米）。磨片直径有 235 毫米、240 毫米、250 毫米、254 毫米、260 毫米等几种。现将这几种直径的圆盘式磨粉机主要技术数据介绍如下（表 2 – 1），供选择参考。

表 2 – 1　几种不同直径的圆盘式磨粉机主要技术数据

型号名称	磨片直径（毫米）	主轴转速（转/分钟）	出粉率（%）	生产率（小麦千克/小时）	配套动力（千瓦）	机器重量（千克）
MF-235	235	750 ~ 800	80	60 ~ 80	4.0	85
MF-240	240	600 ~ 700	80 ~ 85	60 ~ 70	4.5	57
FMP-250	250	450 ~ 500	85	60	4.5	115
MF-101	254	650	80	150	4.5	75
MF-260	260	600 ~ 700	85	80 ~ 120	4.5	150

2. 安装

如磨粉机是长期固定作业，就应该把它安装在水泥基座上，这样能使磨粉机工作时振动较小，以提高磨粉质量和延长机器的使用寿命；如果磨粉机需经常移动工作地点，那么就应把磨粉机安装在坚固结实的木架座上，尽量减少工作时的振动，移动时连同木架座一起移动。

3. 动力选配

磨粉机动力可用电动机或柴油机。电动机或柴油机的选配，应使动力等于或略大于磨粉机铭牌上所要求的数值，这样才能保证磨粉机正常工作。然后再根据磨粉机铭牌所规定的额定转速，计算出电动机（或柴油机）上皮带轮的直径（皮带打滑略去不计）。计算公式如下：

电动机皮带轮直径（毫米）＝磨粉机大皮带轮直径（毫米）×磨粉机额定转速（转/分钟）÷电动机额定转速（转/分钟）

4. 安装后试车前的检查

①检查电源、电机接线是否正常。

②检查磨粉机各部分装配是否正确（磨片上的方帽螺栓不准高出磨片），各螺栓是否紧固，润滑情况是否良好。

③检查传动皮带的张紧程度是否适宜。

④用手转动主轴皮带轮，是否转动灵活、平稳。

⑤检查调节丝杆是否可以进退自如，弹簧能否把动磨片及时弹回。

⑥检查筛绢是否压紧。风扇叶应距离筛面 5 ~ 7 毫米为合适，检查圆筛和风扇叶是否碰撞或远离筛框。

⑦所加工的物料要经过筛选和水选，以防混入杂质，损坏磨片和打坏筛绢。

5. 试车

对磨粉机做好认真的安全检查后，可以开动试车。试车时应注意以下事项：

①磨粉机开动后，首先要倾听机器内部是否有不正常声音。若有异常声音，应立即停车检查。

②观察磨粉机旋转方向是否与机盖上所示箭头方向一致，若不一致，应倒换电机接线。

③机器运转正常后，把进料斗底部的插板关好，才可以往进料斗装物料。新磨粉机或新更换磨片的磨粉机，应先用几千克麸皮试磨一二遍后再磨粮食。

④一面调节手轮，一面慢慢打开进料斗的插板。磨第一遍时，插板不能全部拉开，应开 10 ~ 15 毫米，否则容易使机器超负荷发生闷车，同时也容易打破筛绢。

⑤在机器工作过程中，进料斗内要经常保持有一定的物料。

否则机器空磨时，会使两磨片直接接触而严重磨损。

⑥加工原粮应本着先粗后细的原则，逐渐调节两磨片的间距，并随着研磨遍数的增加，逐渐开大进料斗插板。小麦、玉米研磨遍数及出粉率是：小麦：第一遍出粉率30％，第二遍出粉率25％，第三遍出粉率15％，第四遍出粉率8％，第五遍出粉率4％，第六遍出粉率3％；玉米：第一遍出粉率30％，第二遍出粉率40％，第三遍出粉率15％，第四遍出粉率10％。

⑦每次动、静磨片间距调节适当后，必须把调节螺母拧紧，以保持调好的间距。

⑧新安装或新更换磨片的磨粉机，开车1小时后必须停车，重新再把各处螺丝拧紧。

⑨停磨前应立即退回调节丝杆，使动、静磨片及时脱开，以免两磨片直接接触摩擦。每次磨粉结束时，应让机器空转2～3分钟。使圆筛内的余料清理干净。

6. 保养

对磨粉机进行经常性保养，是提高磨粉质量和延长机器使用寿命的重要一环。其保养内容和方法如下：

①每班工作结束后，应清扫机器，清除内外通道的粉麸。

②检查各处螺栓是否松动，圆筛筛绢是否压紧，风叶与筛绢的间距是否适当。

③定期向轴承内加注润滑油。钢磨主轴左端206轴承、右端207轴承和圆筛两端的两盘205轴承，每隔2～3个月各加注1次黄油。

④每班工作前，应把调节丝杆拧下来，在其头部涂黄油，用以润滑珠轴。

⑤定期检查调节丝杆进退是否灵活，并应感觉到压力弹簧对动磨片有一定的弹力。若弹簧折断或珠轴磨损，应及时更换。其方法是：首先把右面的皮带轮卸下，把调节丝杆拧下来，松开机盖上的3个螺母，拿掉法兰盘，然后把主轴上的丝堵拧下来，拿去挡圈，再松开机盖与机体的4只螺丝，卸下机盖，然后拧下风

扇轮上的平头螺丝，卸下罩盖，取出主轴长孔里的横销，便可以更换弹簧和珠轴。

⑥当磨粉机工作一段时期，磨片磨损影响出粉时，应更换1次动、静磨片的相互位置。若磨片两面都已用过，则应更换新磨片。拆机更换磨片的方法与上述更换弹簧与珠轴的方法相同：把机盖卸下后，拆去风扇轮上的罩盖，取出横销，然后拔出销轴上的开口销、风扇轮和动磨片就可以退出来了。

在安装静磨片时，应将磨片的3个螺孔与机体的3个螺丝孔对准，依次逐渐拧紧螺母。在拧紧螺母的过程中，要时刻注意磨片边缘各点与机座内壁相距一致，而保证磨片中心与机座的不同心度相差不超过1毫米。螺栓的方帽不准高于磨片。

在安装机盖时，要依次逐渐拧紧机盖与机体的4颗螺丝，同时用手转动皮带轮，观察主轴转动是否灵活。如不灵活，应利用机体与机盖的止口来调节它们的同心度（在机体与机盖的接触面外缘有凹凸接口，即为止口。如图2－5所示：盖上凹进去的圆周内径 a 略大于机体上凸出的圆周直径 b，所以机盖上到机体上能有一定的活动量，用来调整主轴同心），直到主轴转动灵活时，才可均匀地把4颗螺丝拧紧。

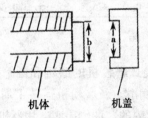

机体　　　　　机盖

图 2－5　圆盘式磨粉机的机体和机盖上的止口示意图

⑦轴承磨损或损坏时，应及时更换。更换机盖上的206轴承比较方便，按上面所述过程拆下机盖，206轴承便可随机盖一起卸下，然后松开机盖内壁上的轴承盖螺丝，取下轴承盖，就可以用硬质木棒打击轴承外圈，即可卸下。更换207轴承比较麻烦，

需先拆下机盖、横销，并把风扇、动磨片和粉碎齿轮一起从主轴上退出（拆卸过程如上述更换磨片所述），再松开右轴承端盖的螺钉，并拆下轴承端盖，然后取下主轴上的卡簧，扶正主轴并用硬质木棒打击主轴左端，就可以把主轴和207轴承一起从右方拿下来了。

二、对辊式磨粉机

1. 机型介绍

目前，全国各地生产对辊式磨粉机的厂家很多，型号也多，磨辊直径从172毫米到220毫米的有5种规格。现将这5种磨辊规格的磨粉机各举1个机型，把它们的主要技术数据列于表2－2介绍如下，供选型时参考。

表2－2　5种磨辊规格的磨粉机主要技术数据

型号	磨辊规格		快辊转速（转/分钟）	出粉率（%）	生产率（千克/小时）	配套动力（千瓦）	净重（千克）
	直径（毫米）	长度（毫米）					
6F-1 728	172	280	450	85	65～75	3.0	265
MFG-125	180	200	735	85	110～125	5.5	260
MF130-K	188	350	600		130	5.5	480
MF-110	200	300	540	83～85	110	2.8	410
MF150B-35	220	350	476	85～95	120～200	115.5	700

2. 润滑

MFG-125型对辊式磨粉机的磨辊和圆筛部分是采用滑动轴承，使用45号机油润滑。新磨粉机运转1周后，应进行第一次换油。换油时将轴承内的贮油倒出来，用新机油洗净后，再注入新的机油。以后每次磨辊拉丝后要换1次油。平时要求经常加油，以维持轴承内的适当贮油量。磨辊轴承每隔4～5小时打开油盖注油，圆筛轴承每隔8小时注油。

磨辊轴承材料为锡青铜，圆筛轴承材料为粉末冶金。这里必须注意：严禁用汽油、柴油、煤油洗涤粉末冶金轴承。

磨辊轴端的 1 对传动齿轮，也是采用 45 号机油润滑。在齿轮的油池内经常保持有一定的油量，油面高度以没过大齿轮 12～15 毫米为宜。

3. 操作

开车前准备：

①开车前先检查各部分的紧固情况、皮带的松紧度和安全防护装置的可靠性等。

②按上列润滑部位，检查润滑油情况。

③检查磨辊间距是否一致。

④原粮必须经过清理和水润（含水量以 13%～14% 为宜）才能加工。

开车后的操作：

①启动机器后先进行空车运转（此时严禁将磨辊推至工作位置），观察机器是否有显著震动和不正常的响声。

②将加工的原粮放入进料斗，然后缓慢推动流量调节手柄至工作位置。

③观察喂料情况及磨辊破碎情况，分别调节流量手轮和微量调节小手轮。

④随时检查粉末冶金轴承和锡青铜轴承有无过热现象（温度不允许超过 65℃）。

⑤观察是否有麸渣跑入面粉中和筛不净的情况。

⑥磨粉工作结束后，使圆筛继续工作几分钟，以免有过多的面粉和麸渣积存在圆筛内。同时打开两扇磨门和磨窗进行通风，让里面的热气及时散出。

⑦清除机器内外的粉麸，检查鹅翎刷和猪鬃刷是否完好，检查筛绢是否松动和完好。

⑧该机主要磨制小麦，如磨玉米时需要更换粗牙磨辊。

三、锥式磨粉机

锥式磨粉机的安装、动力配套和皮带轮选配，工作前对机器的安全检查等，与前面讲的圆盘式磨粉机基本相同，不再重复。下面介绍其机型选择、使用操作、注意事项和维护保养。

1. 机型介绍

锥式磨粉机的型号规格主要是以动磨头大端直径来确定的。目前，我国各地生产锥式磨粉机的厂家很多，型号也较多。现将几种主要机型的技术数据列表介绍如下（表2-3），供选购时参考。

表2-3　锥式磨粉机几种主要机型的技术数据

型号	磨头大端直径（毫米）	主轴转速（转/分钟）	出粉率（%）	生产率（小麦千克/小时）	配套动力（千瓦）	净重（千克）
FMZ-21	210	460	85	80	4.5	167
FMZ-21-4	216	750	85	80	4.6	167
FMZ-278	278	550～650	85	120～180	7.0	175
FMZ-28B	280	550～620		75～100	7.0	130

2. 使用操作

①一般需两人操作，一人负责加粮，掌握喂入量和调节两个磨头的工作间隙，另一人负责收麸渣和面粉。

②锥磨开动前，应关闭进料斗底部的插板，进料斗内盛好待磨的粮食，磨头调在空车位置（即磨头最大间隙位置）。

③待锥磨转动平稳后，即用手转动调节手轮，当听到两磨头间有轻微摩擦声时，应立即拉开进料斗底部的插板至适当位置。

④磨头工作间隙的调整：喂入量的多少，应与磨头的工作间隙配合来决定。喂入量过多，会发生闷车、坠坏筛底；喂入量过少，会加快磨头的磨损，生产效率也过低。在实际工作中，一般以麸渣的粗细和出粉率来选配磨头的工作间隙和喂入量。磨小麦时，一般第一道出粉率控制在50%左右，以后各道磨头工作间隙应逐渐减小，麸渣应逐渐变细，出粉率也一道比一道减少。

磨玉米时，因玉米颗粒较大且坚硬，磨第一遍时不可要求出粉率过高（一般控制在30%以下），磨头间隙要调节大一些，先粗破碎，第二遍以后再与小麦一样操作。

⑤每一批粮食磨完时或工作中必须停车时，应首先关闭进料斗底部的插板，并迅速将调节手轮向松开的方向旋转，使两磨头迅速脱离，然后将筛内余料清理干净。

3. 注意事项

①操作者衣服、衣袖应扎紧，妇女应带工作帽，避免衣服、发辫被机器缠绕而发生事故。

②待磨的粮食应经过清选，严防金属、石块等杂物混入机内。工作场所应保持整洁。

③粮食所含水分应适当，小麦含水量以14%～14.5%为宜，其他粮食不需润水，豆类、薯干必须晒干。

④在机器运行中，不准拆看和检查机器的任何部分，如遇有不正常现象，应立即停车检查。

⑤进料斗加粮要及时，不允许中断进粮，否则磨头空磨会加剧磨损，使面粉含铁量增多和温度过高而影响面粉质量。

⑥禁止在出面口、出麸口结扎面袋，以免影响风力循环，造成散热不良。

4. 维护保养

①经常保持磨粉机各个部位润滑良好。这是保证磨粉质量和延长机器使用寿命的必要条件。润滑部位及维护要求如表2-4。

表2-4　锥式磨粉机润滑部位及维护要求

润滑部位	油类	润滑方法	注油期限
主轴前后轴承	黄油	用旋盖式黄油杯注入	1～2个月
手轮内止推轴承	黄油	卸下罩轮后注入	7天
圆筛前后轴承	黄油	卸下轴承盖后注入	1～2个月
主轴前后轴承套	机油	用油壶由轴承套端滴入	1～2天

②每班工作结束后，必须清除机器内外残留的粉麸。如长期

停止使用，更应彻底清扫机器各个部位的粉麸、污物，保持机器的清洁、干燥，防止生锈。

③在更换磨头、推进器时，各件端面要保持清洁，不得带有杂物，否则会引起磨头摆动。装配好以后，用手转动主轴，仔细检查磨头的同心度，如有摆动，应查出原因，重新组装。

第四节　饲料加工机

一、粉碎机的安装

粉碎机的安装可根据需要确定，如有固定的加工房间不需移动，粉碎机最好安装在水泥基座上。如磨粉机是由下部出料，则基座应高出地面（图2-6），如是用输送风泵出料，则基座应与地面相平（图2-7）。机座的尺寸与粉碎机所需功率大小有关，大功率的粉碎机机座尺寸较大，小功率的粉碎机机座尺寸应相应减小。

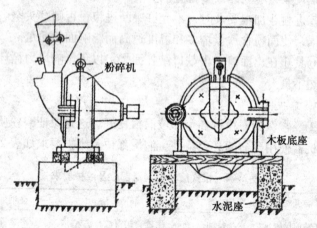

图2-6　粉碎机在水泥基座上的安装

如粉碎机的工作地点经常移动，可把粉碎机和动力机安装在同一机座上（图2-8）。为便于用户加工粮食或饲料，还可将粉

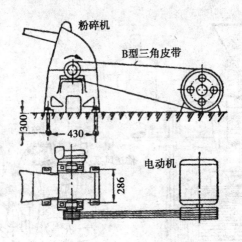

粉碎机

B型三角皮带

300

430

286

电动机

图 2 - 7　粉碎机在地面基座上的安装（单位：毫米）

碎机装到拖车上或农用车上，用拖拉机带动巡回加工。如果没有合适的单用动力机，粉碎机又需与其他加工机械联合或交替使用同一动力机的，需加用中间传动轴（图 2 - 9）。

二、粉碎机动力机的选配

粉碎机工作前，应先根据出厂铭牌所规定的功率大小选择动力机。无论使用电动机或柴油机，其功率应等于或略大于铭牌所规定的数值，才能保证粉碎机正常工作。

动力机选好后，还应根据铭牌的规定，选配动力机的皮带轮，以保证粉碎机铭牌上所规定的额定转速。粉碎机旋转速度是影响粉碎性能的主要因素之一。转速过高，机器振动大，轴承容易发热损坏；转速过低，粉碎质量达不到要求，生产率也相应降低。粉碎机出厂时都配有平皮带轮，因此只要选配好动力机皮带轮，就可保证粉碎机的转速。用动力机直接带动的粉碎机，其皮带轮直径的计算如下式（皮带打滑略去不计）：

$$动力机皮带轮直径(毫米) = \frac{粉碎机皮带轮直径(毫米) \times 粉碎机转速(转/分钟)}{动力机转速(转/分钟)}$$

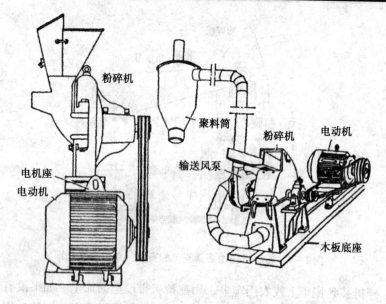

图 2-8 粉碎机和动力机同机座安装

如粉碎机是间接传动（图2-9），则靠变换中间轴皮带轮来保证（也可更换动力机皮带轮）。计算公式如下：

$$\frac{乙皮带轮直径(毫米)}{甲皮带轮直径(毫米)} =$$

$$\frac{粉碎机皮带轮直径(毫米) \times 动力机转速(转/分钟)}{动力机皮带轮直径(毫米) \times 动力机转速(转/分钟)}$$

式中甲、乙两皮带轮直径都是未知数，因此需先选用一个皮带轮的直径，就可求出另一个。如先假定甲皮带轮直径已经选出，代入上式便可求出乙皮带轮的直径。计算公式如下：

$$乙皮带轮直径(毫米) =$$

$$\frac{粉碎机皮带轮直径(毫米) \times 粉碎机转速(转/分钟) \times 甲皮带轮直径(毫米)}{动力机皮带轮直径(毫米) \times 动力机转速(转/分钟)}$$

采用平皮带传动两轴间的距离应不小于3.5米，以增加平皮带与小皮带轮之间的包角，防止打滑而影响粉碎机的转速。

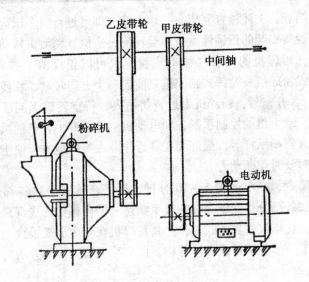

图 2－9　粉碎机间接传动图

三、粉碎机安装检查

粉碎机安装检查有以下几个方面（包括新安装及定期检查的机器）：

第一，检查零件的完整情况及紧固情况，特别是齿爪、锤片等高转速的工作零部件的固定必须可靠。

第二，检查粉碎机在基座上固定的情况，要求必须牢固可靠。

第三，检查轴承内的润滑脂，如发现润滑脂硬化变质，应用清洁的柴油或煤油清洗干净，按说明书规定更换新的润滑脂。由于粉碎机转速很高，主轴转速一般都在 3 000 转/分钟以上，若无说明书可查，应使用标准较高、质量好的润滑脂，如石油部标 1 号钠基润滑脂，也可使用 3 号或 4 号钙基润滑脂。

第四，打开粉碎室盖板（或上盖），检查粉碎室内有无其他杂物，然后将盖板盖紧，用手转动皮带轮，转子应能灵活转动。

第五，上述检查完毕，一切正常，即可进行空车试运转，进一步观察安装的正确性。空车运转前，应检查动力机转动方向是否符合粉碎机的要求（齿爪式粉碎机可以正反两个方向工作，锤片式粉碎机及劲锤式粉碎机只能向一个方向转动，在使用时应注意），开车后，粉碎机附近暂勿站人，待空转确无问题后方可接近。动力机的控制手柄，如电动机的电源开关、柴油机的油门或离合器操纵杆等，最好装在靠近作业人员的地方，便于在发生故障时及时切断动力。

第六，空车运转 5~10 分钟，再停车检查 1 次各部分的情况，如各部分都处于完好的技术状态，即可将粮食或饲料装入盛料斗，扎牢聚料袋正式工作。新粉碎机在初次加工粮食之前，可先加工一部分干草或细沙等物，以清除机器工作部分的防锈油或污物。

四、粉碎机的正确调整

1. 喂入量的调整

在盛料斗的下面都有 1 块闸板或挡板，在加工小麦、玉米等粮食作物时，用调节闸板的方法控制喂入量，使喂入均匀。如加工豆饼、山芋藤等饲料时，为便于入料和粉碎，豆饼必须先破碎成小块（最大尺寸以 40 毫米以内为宜），山芋藤最好预先切成长度为 150 毫米左右的小段，如粉碎新山芋，必须先切成块，并加注足量的水（粉碎新鲜山芋，齿爪式粉碎机较合适，不需改装）。此时需用手推动送料，但一定要均匀推送，防止粉碎机超负荷运行，影响其粉碎质量。

2. 粉碎粒度的调整

粉碎粒度的粗细靠更换筛网来保证。一般粉碎机都有孔径不同的 2~3 种筛网（如齿爪式粉碎机有孔径分别为 0.6 毫米、1.2 毫米及 3.5 毫米的筛网），使用时可根据所加工饲料的粒度要求更换筛网。

在安装筛子时，应当注意必须根据转子的旋转方向，正确选

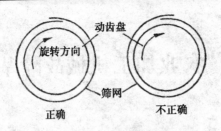

图 2 – 10 筛网接头的搭接方式

择筛网接头处的搭接方式（图 2 – 10），防止饲料在搭接处卡住。

在更换筛子时还应当注意，有些筛网的筛孔是锥形的（即有大小头），在更换筛网时，要使孔大的一面向外，如图 2 – 11。这样容易出料（孔小的一面通常带有少量毛刺）。

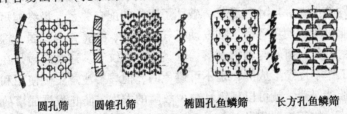

圆孔筛　　　圆锥孔筛　　　椭圆孔鱼鳞筛　　　长方孔鱼鳞筛

图 2 – 11 粉碎机筛孔的形式

装有风泵的粉碎机在调整粉碎粒度时，还可用调节风门的大小来控制。如成品太粗，可将风门开大，则由粉碎室进入的风量就小，可提高粉碎细度。

使用聚粉袋装粉时，当袋内聚粉达到 1/3 袋时，应立即取粉，以免使温度上升，产量下降。取粉后应拍打布袋，增加透气性。

第三章 农业加工机械故障基础知识

第一节 农业机械故障

影响农业机械使用寿命的原因错综复杂，大体可分为两大类：

第一类自然因素 自然磨损、腐蚀和金属疲劳损伤，改变了零件的性能、尺寸和形状，破坏了正常的配合关系，最终缩短了农业机械的使用寿命。如发动机气缸磨损、弹簧弹力减弱、橡胶油封老化、齿轮与轴承剥落、轴类零件裂纹等。这类故障是在长期工作中逐渐形成的，是不可避免的，但只要注意正确使用和加强维护保养，就可以延缓和减少故障的发生，防止发展成事故性损坏。如新机器规范地磨合试运转；避免金属零件接触有害介质，在金属零件表面涂油防锈；非金属零件表面涂防腐的油漆；提高零件的表面光洁度；对受交变载荷的零件热处理；加强维护保养，保证各运动副的润滑，杜绝干摩擦和半干摩擦现象的出现等。

第二类人为因素 由于使用、保养、调整不当修理、制造质量差等人为原因，使零部件工作条件恶化而出现故障。这类故障一般为人为故障，只要在工作中正确使用和加强维护保养，故障是可以避免的。

一、农业机械发生故障的征象

农业机械发生故障后，会有一定的表现特征，其表现形式多种多样，可归纳为以下几种：

1. 作用反常或失灵

如发动机启动困难或不能启动，转速不正常（忽高忽低）、自行灭火；离合器分离不清；变速箱挂挡困难；制动器失灵；发电机不发电等。

2. 外观表现反常

如发动机排气冒黑烟、白烟或蓝烟，漏水、漏气，灯光不亮等。

3. 声音反常

如发动机的不正常敲击声，排气管放炮声，变速箱齿轮啮合噪声等。

4. 温度反常

如发动机过热，变速箱或后桥温度过高，轴承过热等。

5. 气味反常

如燃油燃烧不完全的烟味；烧机油味；橡胶、导线、绝缘材料及摩擦片的烧焦味等。

6. 消耗反常

如燃油、润滑油、冷却水的消耗量显著增大；喷油泵或发动机油底壳润滑油面自行升高等。

二、农业机械故障分析的原则

故障分析的原则可概括为：依据征象、联系原理、结合构造、全面分析、先易后难、从简到繁、由表及里、按系分段、逐级查找、尽量少拆。

故障的征象是故障分析的依据。一种故障可能表现出多种征象，而一种征象有可能是几种故障的反映。同一种故障由于其恶化程度不同，其征象表现也不尽相同。因此，在分析故障时，必须准确掌握故障征象。全面了解故障发生前的使用、修理、技术保养情况和发生故障全过程的表现，再结合构造、工作原理，分析故障产生的原因。然后按照先易后难、先简后繁、由表及里、按系分段的方法依次排查，逐渐缩小范围，找出故障部位。在分析排查故障的过程中，要避免盲目拆卸，否则不仅不利于故障的排除，反而会破坏不应拆卸部位的原有配合关系，加速磨损，产生新的故障。

三、判断农业机械故障的常用方法

故障发生后，依据故障征象，通过听、看、嗅、触摸及测量等手段并通过下述方法，找出故障发生的部位及原因。

1. 部分停止工作法

断续地停止某部分零部件工作，观察征象的变化情况，从而判断出故障发生的部位。例如，多缸发动机工作时出现排气管断续冒烟时，可轮流停止各缸的供油（断缸法），当某缸停供后（停止工作），冒烟现象消失，则可断定故障发生在此缸。

2. 比较法

当对某零部件产生怀疑时，可用技术状态正常的相同零部件替换，比较换件前后故障征象的变化，来判断故障发生的部位。例如，初步诊断某缸喷油器有故障，发动机工作出现"缺腿"征象，更换技术状态良好的喷油器后，故障征象随之消失，可以断定此缸原喷油器有故障。

3. 试探法

这种排除故障方法，一般用在同是一种征象，可能是两种以上故障的反映之时。例如，发动机启动困难，初步诊断由气缸压缩力不足（活塞环与气缸磨损间隙增大）造成，经向气缸内注入少量清洁机油后，征象消失，则表明怀疑属实。再如，怀疑敲缸声是供油提前角过大造成的，经试调供油提前角后，征象消失，则说明怀疑属实。

采用此方法时，一定要先对引起这种征象的故障因素进行认真的分析。再由表及里、按系分段、依次查找，在逐渐减小范围的基础上，决定试探内容，注意尽量少拆卸，并应考虑到拆后恢复原状态的可能性。

4. 不拆卸检查法

在不拆卸或少拆卸的情况下，利用"不拆卸检查仪"检查相关部位的技术状态。例如，用转速表测定发动机转速，用气缸压力表测定气缸压缩压力等。

第二节 维修方法概述

一、零件的鉴定

零件清洗后须进行鉴定，以确定其技术状态是否可继续使用。可确定零件故障类型和保障其修复的可行性。对不同的零件其鉴定内容和要求是不同的，包括零件的尺寸、几何形状（平面度、圆柱度等）、表面状态（粗糙度、损伤、剥落、裂纹、腐蚀等），以及其他特殊要求（平衡度、重量等）。鉴定零件一般有以下几种方法：

（一）直观判断法

鉴定人员凭感觉直接判断出零件的技术状况。

1. 观察法

用目测或借助放大镜来鉴定零件表面严重损伤或磨损，及零件表面材质的明显变化。例如，汽缸体裂纹、齿轮齿面疲劳剥落、齿轮副啮合印迹等。

2. 听声音判断

用小锤轻轻敲击零件被检查部位，根据发出的声音判断其内部有无裂纹，连接是否紧密。一般紧密、完好的零件发音清脆，而有缺陷的零件发音暗哑。例如，鉴定曲轴、连杆有无裂纹等。

3. 手感判断

用手晃动配合件，根据晃动度粗略地判断配合间隙是否超过要求。例如，检查气门杆与气门导管的间隙、滚动轴承的间隙等。

4. 油浸检验

将零件浸入（或涂刷）煤油，使其渗入到零件中有裂纹或疏松的地方，擦净表面，立即涂上一层白粉。用小锤轻轻敲击零件，浸入缺陷中的溶液即会渗出，显示出缺陷部位。一般可检查出宽度大于 0.01 毫米、深度大于 0.03 毫米的裂纹。

（二）测量（探测）法

对于零件的尺寸、几何形状、相对位置的偏差等，要用量具进行测量鉴定。常用量具有钢尺、塞尺（厚薄规）、游标卡尺、内径百分尺、外径百分尺、内径百分表、外径百分表等。测量应注意测量工具的正确使用。对于零件内部的缺陷，可用专用探测设备进行鉴定，例如采用磁力探伤仪等。

二、常用零部件修理方法

零件修理就是在较短的时间内、较小的经济代价的条件下，恢复其技术性能。拖拉机零部件常用的修理方法主要有以下几种：

（一）调整、换位法

调整法是某些配合部位因零件磨损而间隙增大时，可以用调整螺钉或增减调整垫片等补偿办法，来恢复正常配合关系。例如，发动机气门间隙的调整。换位法是配合件磨损后，把偏磨的零件调换位置或转动一个方向，利用未磨损部位继续工作，以恢复正常的配合关系。例如，Ⅱ号泵滚轮传动部件高度可通过改变调整垫片的方向来调整，从而调整供油时刻。

（二）附加零件法

附加零件法是用一特制零件镶配在磨损零件的磨损部位上，以补偿磨损零件的磨损量，恢复其配合关系。例如，处理气门座磨损，可把气门座孔镗大，镶上一特制气门座圈，来恢复与气门的配合。

（三）修理尺寸法

修理尺寸法是对于磨损后影响正常工作的配合件，将其中一个零件进行机加工，使其达到规定尺寸、几何形状和表面精度，而将与其配合的零件更换，以恢复正确的配合关系。一般是对比较贵重、复杂的零件进行加工，加工后零件的实际尺寸称为修理尺寸。为了使修理尺寸的零件具有互换性，国家规定了统一的修理尺寸标准。例如，磨削曲轴后更换修理尺寸的轴瓦；镗削汽缸后更换加大尺寸的活塞等。

（四）恢复尺寸法

恢复尺寸法是采用某种工艺来恢复磨损零件的原始尺寸、形状或使用性能的方法。常用的恢复工艺有焊修、电镀、喷涂、黏接等。例如，曲轴轴颈磨损后，通过金属喷涂加大尺寸后，再利用机加工恢复其尺寸、形状和精度。

（五）更换零件法

更换零件法是用新零件或修复的零件（总成），代替出现故障的零件（总成）的方法。

三、零件拆卸及注意事项

零件拆卸前必须弄清楚拖拉机的构造原理，明确拆卸的目的、方法和步骤，以免拆坏机器。

拆卸顺序一般是由表及里，由附件到主机。即先由整机拆成总成，由总成拆成部件，再由部件拆成零件。同时应首先将易损坏的零件拆下。

对于通过不拆卸检查就可确定技术状态良好的零部件或总成，不必进行拆解。这样不仅可以减少劳动量，而且可以避免拆装对机件带来的不良影响。对于不拆解难以确定其技术状态或认为有故障的部件，必须进行拆解，以便进一步检查、修理。

拆卸时应使用合适的工具，尽量使用专用工具。不应猛打猛敲，以免损坏零件。

对于有装配要求的零件，应根据要求在零件非工作表面做好记号。例如，不可互换的同类零件，如气门、轴瓦、平衡重；配合件相互位置有要求，如正时齿轮、曲轴；有安装方向要求的，如活塞、连杆等。

拆卸后的零件应合理存放，不应堆积，不能互换的零件应分组存放。

四、零件清洗

零件清洗是修理工作的重要环节，包括零件鉴定前清洗、装配前清洗和修复前清洗。

（一）清除油污

油污是指油脂和尘土、铁锈等黏附物，拖拉机零件上的油污有植物油、动物油和矿物油。一般可用碱溶液或化学清洗剂清洗，也可用汽油、柴油或煤油清洗。注意铜、铝、塑料、尼龙、牛皮、毡圈等零件不宜用热碱溶液清洗；橡胶件、石棉件不宜用汽油、柴油、煤油等有机溶剂清洗。清洗顺序一般是先洗精密件，后洗普通件；先洗内部，再洗外部。对于配对的零件，最好成对单独清洗，以免混乱。清洗后的零件注意存放好，以防再次弄脏。

（二）清除水垢

水垢沉积在发动机冷却系统内，直接影响冷却水的循环和散热，造成发动机冷却不足，影响正常工作。可用烧碱（苛性钠）750 克、煤油 150 克、水 10 升混合制成溶液；或碳酸钠 1 000 克、煤油 0.5 克、水 10 升混合制成溶液。拆除节温器，将溶液加入冷却系统，保留 10～12 小时。然后启动发动机，高速运转 15～20 分钟，放出溶液。

（三）清除积炭

积炭是在发动机汽缸中，燃料及润滑油不完全燃烧而生成的一种粗糙、坚硬、黏结力很强的物质。积炭牢固地黏结在缸壁、活塞环、活塞顶、气门、喷油嘴等部件上，严重时影响发动机正常工作。清除积炭有机械法和化学法两种。机械法是用钢丝刷、刮刀等工具清除，此法效率低且易刮伤零件表面；化学法是用积炭清洗剂，使积炭结构分解变软，再清洗。

第三节 修理工具

（一）拆装工具

常用的有各种扳手、螺丝刀、锤和各种拉拔器等。

（二）测量工具

常用的有直尺、钢卷尺、厚薄规、游标卡尺、万能量角尺、百分尺、百分表、转速表、万能电表等。

（三）钳工工具

常用的有手锯、锉、錾、刮刀、铰刀、锤、砂轮、钻机、丝锥等。

（四）钣金工具

常用的有划线板、划针、样冲、划规、划线盘、金属剪等。

（五）金属加工机床

常用的有普通车床、铣床、刨床、钻床等。

（六）焊接工具

常用的有交、直流电焊机、气焊机等。

（七）其他工具

千斤顶、气泵、吊车等。

（八）专用仪器仪表

磁力探伤仪、水压试验器、弹力试验器、动平衡试验台、电器试验台、高压油泵试验台、喷油嘴试验器等。

第四章 拖拉机故障及维修

第一节 故障概述

一、故障的一般现象

手扶拖拉机的故障常有以下几种现象：

1. 异响

随着手扶拖拉机使用时间的增长、操作不当、维修质量和自然环境的影响，各个零部件因磨损、破损、松动、老化、接触不良、短路和断路等原因，使其在工作中产生超出规定的响声、如敲缸声、超速运转的啸叫声、零件擦碰声、换挡打齿声等。

手扶拖拉机大部分的故障都是通过异响表现出来的。因此，能从这种最直观的表现形式中找出故障的一般规律和特点，就会给手扶拖拉机故障诊断带来极大的方便。

2. 工作性能异常

手扶拖拉机工作性能异常是较常见的故障现象。如启动困难、自动熄火、磁电机不发电、挂挡困难、转向失灵、制动失灵、液压自卸不灵等。

3. 渗漏

渗漏是指手扶拖拉机的燃油、机油、冷却水等渗透漏出。这是一种明显的故障现象。渗漏容易造成过热、烧损、转向或制动失灵等故障，应及时排除。

4. 排烟异常

发动机工作时，燃烧生成物是二氧化碳和水蒸气。若发动机燃烧不正常，废气中掺有未燃烧的碳粒、碳化氢、一氧化碳或大量的水蒸气，出现冒黑烟、白烟、蓝烟现象。烟色不正常是诊断柴油机故障的重要依据。

5. 消耗异常

消耗异常也是一种故障症状。如燃油、机油、冷却水异常消耗，油底壳油面反常升高等。燃油消耗异常是发动机技术状况不良的一个重要标志。

6. 异味

在行驶过程中，手扶拖拉机也许会出现一些异常气味现象，如离合器摩擦片、制动蹄片、橡胶或绝缘材料发出的烧焦味，排气时有不完全燃烧的油气味等。一旦发现有这些异常气味，应停车查明故障所在。

7. 过热

过热现象通常表现在发动机、变速器、驱动桥和制动器等总成上。在正常情况下，无论手扶拖拉机工作多长时间，这些总成应保持在一定工作温度。除发动机外，当用手触试时，感到烫疼难忍，即表明该处过热。过热会造成恶性事故，不可以掉以轻心。

8. 外观异常

将手扶拖拉机停放在平坦场地上，若有横向或纵向歪斜等现象，即为外观异常。其原因多为车架、车身、悬架、轮胎等出现异常，这会引起方向不稳、行驶跑偏、重心转移、车辆吃胎等弊病。在日常使用中，应及时检查和排除外观异常现象。

二、故障产生的主要原因

1. 手扶拖拉机设计制造上的缺陷或薄弱环节

现代手扶拖拉机设计结构的改进，制造时新工艺、新技术和新材料的采用，加工装配质量的改善，使手扶拖拉机的性能和质量有了很大的提高，也的确减少了新车在一定行驶里程内的故障率。但由于手扶拖拉机结构复杂，各总成、组合件、零部件的工作情况差异很大，不可能完全适应各种运行条件，使用中就会暴露出某些薄弱环节。

2. 配件制造的质量问题

随着手扶拖拉机配件消耗量的日趋增长，配件制造厂家也越来越多。但由于他们的设备条件、技术水平、经营管理各有不同，配件质量就很不一致。如正时齿轮齿形及正时位置超差，破坏了正常的配气相位而影响了动力性；前钢板弹簧的刚度、挠度、规格尺寸不符合标准而使手扶拖拉机转向系统产生故障等等。尽管配件的质量正在改善提高，但这仍然是分析、判断故障时不能忽视的因素。

3. 燃、润料品质的影响

合理选用手扶拖拉机燃、润料是手扶拖拉机正常行驶的必要条件。因此，使用不符合各厂牌车型要求的燃、润料，也是故障的一个成因。例如，柴油发动机在冬季选用凝固点高的柴油，是供油系发生故障和发动机不能发动的原因；柴油机不采用其专用柴油机机油是发动机早期磨损的因素等。

4. 道路条件及气温、温度等环境的影响

手扶拖拉机在不平路面行驶时，其悬挂部分容易损坏、连接部分容易松动，从而引起有关部位的故障。若经常在山区行车，由于传动、制动部分工况的变动次数多、幅度大，而往往导致早期损坏。

5. 管理、使用不善的影响

因管理、使用不善而引起的故障是占有相当比重的。柴油发动机如使用未经滤清的柴油；新车或大修出厂车不执行走合规定，不进行走合保养；行驶中不注意保持正常温度、装载不合理或超载等，均是引起手扶拖拉机早期损坏和故障发生的原因。

第二节 诊断故障和故障排除的基本方法

1. 看

看，就是观察。例如，观察柴油发动机的排烟颜色，再结合其他情况的分析，就可判断其工作情况。

2. 听

听，就是凭听觉判别手扶拖拉机的声响，从而确定哪些是异常响声、它们是怎样形成的。

3. 嗅

嗅，就是凭在手扶拖拉机运转中散发出的某些特殊的气味，来判断故障之所在。这对于诊断电系线路、摩擦衬片等处常见故障是简便有效的。

4. 摸

摸，就是用手触试可能发生故障部位的温度、振动情况等，从而判断出配合副有无发咬、轴承是否过紧、柴油管路有无供油脉动等。

5. 试

试，就是试验验证。用更换零件法来证实故障的部位。

以上五个方面，并非每一种故障诊断的必须程序，不同的故障可视其具体情况灵活运用。

一、根据声音的变化判断故障发生部位的方法

通过异常声音的变化，分析、判断发生故障的部位，是及时排除故障、防范事故发生的重要环节。判断拖拉机声音是否正常，必须熟悉拖拉机运转时的正常声音；必须熟悉拖拉机各部构造和工作原理。只有这样才能做出正确的判断。

由于各部件构造，工作原理，作用和承受负荷大小、性质等不同，其发出的异常声响也不一样，具体表述如下：

1. 活塞、缸筒敲击声

当喷油泵供油时间过早或缸筒、活塞由于磨损间隙增大时，活塞在上止点处，在膨胀气体的作用下，会发出猛烈的音哑敲击声。

听诊部位在喷油泵一侧，在各缸活塞上止点部位（图4-1），当切断各缸供油时，声音消失。

2. 曲轴主轴颈与轴瓦的敲击声

当主轴瓦磨损或烧瓦时，主轴承会发出沉重的闷击声。听诊部位在配气机构一侧的曲轴箱处（图4-1）。用中速和间歇提高转速运转时听诊。

3. 曲轴连杆轴颈与轴瓦的敲击声

当连杆瓦严重磨损时，轴承间隙增大，发出比较猛烈的音哑声。烧瓦后声音更猛烈，近于钟声。听诊部位在喷油泵一侧曲轴回转部位（图4-1），发动机预热后，在低转速下听诊。切断各缸供油时，仍有敲击声。

4. 活塞销与铜套的敲击声

活塞销衬套磨损，间隙增大时，在发动机运转时，会发出音调较高的"凿、凿、凿"的响声。切断供油时，声音消失。听诊部位在喷油泵一侧的活塞运动部位（图4-1）。

5. 气门与摇臂头的敲击声

气门间隙过大时会发出尖锐的"滴答、滴答"的声音，声音连续不断。听诊部位在配气机构一侧的气门罩处（图4-1）。发动机低速运转时听诊，切断各缸供油时，仍有敲击声。

6. 烧气门的声音

气门烧损时，由于封闭不严，在空气滤清器处有"嗤、嗤"声响，严重时，进气支管有烫手感。

7. 气门座圈松动、脱落时的声音

镶座圈时如过盈偏小，使用一定时间后易松动，这时发动机运转时会发出"嚓、嚓、嚓"的声音，伴随这种声音的还有一

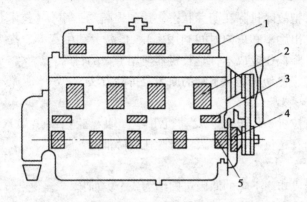

1. 气门；2. 活塞、连杆铜套、活塞环；3. 凸轮轴；

4. 定时齿轮；5. 主轴承及连杆轴承

图 4 - 1　发动机听诊部位

股气流声，在发动机将要熄火时声音非常明显。

8. 变速箱的噪声

变速箱的噪声一般由齿轮油不足或轴承磨损造成。根据不同挡位噪声的程度，可判断各挡位齿轮的磨损程度。磨损越严重，发出的噪声越大。若在空挡位置发出有节奏的"咯嗤、咯嗤"的响声（小油门时声音尤为明显），这是常啮合齿轮断齿（掉牙）产生的。当气温较低，齿轮油黏度大，溅油齿轮一时不能将润滑油溅起，出现干摩擦时，变速箱会发出间断的"吱、吱"声。所以冬季使用拖拉机时，凡采用齿轮油润滑的部位，最好能预热一下。

9. 中央传动的异常声响

中央传动出现异常声响，一般由传动齿轮副及轴承磨损、润滑不良或调整不当，破坏了大小锥齿轮的正常啮合状态产生的。当齿侧间隙过小时，将会发出刺耳的尖啸声（左转弯时尤为明显）。

通过声音的变化就能正确判断故障的准确部位和故障内容，这不是一天之功，而是要在实践工作中逐步摸索、积累、总结、发现规律，掌握规律，运用规律。一旦技术状态发生变化就能被发现，把故障排除在萌芽状态，达到提高"三率"（技术状态完好率、出勤率和班内时间利用率）、提高劳动生产率、提高作业质量、降低作业成本，延长机器使用寿命的目的。

二、发动机功率下降的原因及排除方法

1. 表现

拖拉机工作没劲、发动机工作冒烟（蓝烟或黑烟）、易过热，稍有超负荷极易熄火。行驶速度降低。

2. 原因

造成功率下降的原因可归纳为 3 个方面：

①没有认真执行技术保养规程，造成空气滤清器堵塞，进气不畅；柴油滤清器或油管堵塞，供油不足；排气管路阻塞，排气阻力过大，废气残留量过大，导致功率下降。只要按规程要求及时进行技术保养就能避免此类故障的出现。

②装配调整不正确。具体表现为：气门间隙过大、过小或封闭不严；喷油泵凸轮轴供油开始角或发动机曲轴供油提前角过早或过晚；喷油器工作不正常，雾化质量、密封性不好；调速器开始起作用（Ⅱ号泵称作用点）转速过低；喷油泵回油阀限制压力过低或接触不严等都会造成发动机功率下降。通过正确的调整，故障就可排除。

③发动机经过长期工作，缸筒活塞磨损超限；高压油泵柱塞偶件磨损超限，造成供油量不足等。遇到这种情况，一般要进专业场所修理。

三、发动机排气冒异烟的原因及排除方法

发动机排气冒异烟是技术状态不好的一种表现。如继续使用，必将导致压缩系统相关零部件的快速磨损，耗油量增加，马力不足，动力性能和经济性能下降，应立即停车排除。

发动机排气冒烟颜色可分为黑色、白色和蓝色 3 种。首先要通过仔细观察准确认定排气颜色；其次注意排气冒烟过程中是否伴有杂音及杂音出现的部位；三是注意观察烟是连

续的还是间断的，是突发的还是逐渐发展的；四是注意曲轴箱通气孔是否也有烟排出，是多还是少；五是注意燃油耗量是否增加，机油压力是否有变化等。必要时可查阅一下技术档案、修理档案和工作日记等，只有全面了解情况，才能准确判断故障原因。

1. 冒黑烟

发动机冒黑烟是由于燃油燃烧不完全，产生的自由碳由排气管排出而引起的。究其原因，主要由燃油供给系统、空气供给系统和发动机压缩系统的技术状态不良造成。

①燃油供给系统的故障

第一，调整不当，供油量大于标准供油量，油、气比例失调，燃烧不完全，排气管冒黑烟不但连续而且均匀。这种情况新修发动机在马力试验台上就表现出来。

第二，由于调整不当或个别缸柱塞调节拉杆接头与油泵拉杆产生相对位置移动时，个别缸供油量偏大，此缸出现燃烧不完全，这时排气冒黑烟是间断的、有规律的，断缸检查时，冒烟消除。

第三，喷油嘴雾化质量不好，喷油锥角不正确，燃烧不完全，排气冒黑烟。若是个别缸喷油嘴喷油雾化质量不好，燃烧不完全造成的排气冒黑烟是间断的、有规律的，若各缸油嘴喷油雾化质量都不好，锥角不正确，则所冒黑烟是连续的。造成雾化质量不好的原因主要由喷油嘴调压弹簧弹力减弱或折断造成。

第四，供油提前角不正确（稍偏小），燃油燃烧时间缩短，燃烧不完全，排气冒黑烟。

②空气供给系故障

第一，空气滤清器缺乏保养，堵塞或通气管道不畅，进气不足，燃烧不完全，排气冒黑烟。

第二，配气机构的故障造成发动机充气不足、废气排不净、燃烧不完全冒黑烟。故障表现为气门间隙大；气门弹簧烧坏、弹力不足、气门烧损和气门被积炭等杂物垫起导致关闭不严等。

③发动机超负荷，排气管冒黑烟；负荷恢复正常后，黑烟消失。这不是故障，属使用不当。驾驶员操作机器时应合理使用挡位，尽可能避免机器超负荷工作。

解决办法：减轻负荷，按办理车牌时核定的载重量搞运输作业，同时清除燃烧室积炭；增加喷油泵调整垫片，使供油提前角符合规定；清除喷油器积炭，调整喷油泵压力或更换新的出油阀副；研磨气门修复或更换汽缸套、活塞、活塞环；调整油泵供油量，更换符合规定的燃油；清洗空气滤清器，清除消音器积炭。

2. 冒白烟

喷入气缸的燃烧油没燃烧；柴油中含水分较多或冷却水漏入气缸；油路中有空气等排气管都会冒白烟，造成这一现象的原因有以下几点：

①发动机温度低，燃油得不到完全燃烧，没燃烧的燃油呈雾状由排气管排出。排除方法：预热发动机。②缸垫烧损，冷却水进入气缸，在高温高压作用下，水呈雾状由排气管排出。排除方法：更换气缸垫，修复或更换缸盖。③供油时间太晚，燃油不能在工作行程中全部燃烧，没燃烧的燃油呈雾状随废气一同排出，呈白烟。油门越大越明显。如是单缸供油过晚（随动柱调整螺钉退扣），这时排气管冒白烟是间断的、有节奏的冒，并伴有粗暴的"砰、砰"声，断缸检查时，白烟消失；如单缸供油晚到活塞下行时，喷入气缸的燃油不燃烧全部由排气管排出，并伴有发动机着火"缺腿"，马力下降。排除方法：正确调整供油时间。④喷油嘴后滴、喷油嘴针阀在打开位置卡住或喷油嘴压力弹簧折断等，使进入气缸的燃油不仅不雾化，而且供油量也增大，燃油不能全部燃烧，大部分由排气管排出。排除方法：应根据故障情况进行修复或更换。⑤柱塞副磨损（或质量低劣），密封性不好，喷油时间滞后，部分燃油没燃烧被排气管排出。排除方

法：应根据故障情况进行修复或更换。⑥燃油质量不好，自燃点及闪点高，燃烧时间落后，燃烧速度慢，不能完全燃烧。排除方法：更换柴油，清洗油箱。⑦配气机构故障：单缸进气门间隙过大；摇臂、推杆、气门调整螺栓折断等，使进气门不能打开，燃烧室没有空气，燃油不能燃烧，着火"缺腿"，启动困难；个别气门没有间隙，气门不能关闭，燃油也不能燃烧出现"缺腿"。排除方法：定期检查，调整气门间隙。⑧喷油嘴装配漏气，气缸压力不足部分燃油不能燃烧，由排气管排出。排除方法：维修或更换喷油器。⑨由于润滑不良，气门在打开的位置卡住，使气缸压缩不足，燃油不能燃烧造成"缺腿"。排除方法：定期检查，调试润滑功能。

3. 冒蓝烟

发动机烧机油排气管冒蓝烟。出现这一故障原因如下：①压缩系统缸筒锥度、椭圆度超限；缸筒与活塞间隙太大；活塞环开口间隙、边间隙超限；活塞环开口重合（"对口"）；活塞环被积炭胶住，弹性消失；扭转环或锥度环安装位置及方向不正确。②缸筒有较深的纵向拉伤。③气门与气门导管间隙过大。④空气滤清器油盆中机油油面过高。⑤油底壳机油油面过高。⑥新车或大修后的发动机没有严格按磨合规范进行磨合。⑦燃油质量低劣，含有较多废机油。

解决办法：新车或大修后的机车都必须按规定磨合发动机，使各部零件能正常啮合；看清楚装配记号，正确安装活塞环；调换合格或加大尺寸的活塞环；查清油底壳面升高的原因，放出油底壳多余的机油；减少滤清器油盘内机油；更换气门导管。

四、发动机启动困难的原因及排除方法

柴油发动机启动困难的原因很多，归纳起来主要有以下几个方面：

1. 燃油供给系统可能存在的问题：

①柴油用完或油箱开关未打开。

②油路中漏进空气，造成油路堵塞。一旦出现这种情况应彻底排出空气，其操作步骤是：打开油箱开关，先查低压油路，检查各油管接头是否漏油，将喷油泵和燃油滤清器的放气螺栓拧出2～3扣，扳动手压输油泵或手泵杆泵油，放出空气，直到流出的柴油中没有泡沫为止，然后拧紧放气螺栓；松开高压油管在喷油器一端的螺母，转动曲轴，当管口流出的油不再含泡沫时，重新拧紧螺母，再转动曲轴数圈，使各喷油器中充满柴油。

③燃油管路或滤清器堵塞。拆下管路或滤清器进行清洗、疏通即可。

④喷油器针阀咬死。清除积炭后用机油研磨，如损坏严重、应更换新品。

⑤柱塞偶件磨损严重。若柱塞上端磨损后出现灰白色的痕迹，宽度超过4毫米，长度超过8毫米，应更换新品。

⑥出油阀针密封环带磨损严重。根据使用情况，在换柱塞偶件时，同时更换出油阀偶件。

⑦出油阀针斜面与座孔有异物垫起。将出油阀偶件取出清洗干净即可。

⑧供油时间不正确或喷油压力过低。按使用说明书的规定，重新调整喷油提前角和喷油压力至标准值。

⑨燃油输油泵不送油。在排除了进油管道的漏气后仍不输油，应检修输油泵。

2. 空气滤清器、排气管、消音器堵塞。

3. 燃烧室内积油过多将油门操纵手柄拉到不供油位置，扳动减压手柄打开气门，转动曲轴排尽机油。

4. 启动转速过低（指手摇启动的单缸柴油机）。

5. 气缸压缩力不足其原因如下：

①减压手柄的位置不对，仍处在减压位置。

②气缸盖衬垫漏气。若重新紧固缸盖螺栓后仍有漏气，应更换衬垫。

③活塞环对口磨损超限。

④气门漏气。造成气门漏气的原因很多，应检查气门间隙、气门弹簧、气门导管及气门与气门座的密封情况。根据检查结果，损坏的机件应更换，属密封不严的应彻底修复。

6. 涡流室镶块松动错位、积炭有裂纹　若发现镶块松动错位，应在对位后拧紧固定螺钉；若积炭严重，应彻底清除积炭；对出现裂纹或损坏的应更换新品。

7. 天气太冷、气温太低　应按冬季使用柴油机的要求进行启动前的准备工作，采取相应的预热措施。

8. 选用柴油牌号不对　应根据各季节气温的变化，选适宜牌号的柴油。

五、底盘部分故障及维修

1. 离合器打滑的主要原因及排除方法

操纵不当　经常把脚放在离合器踏板上，使离合器处于半接合状态工作，引起打滑。驾驶员应熟知离合器使用要求，杜绝错误行为。

2. 踏板自由行程过小

踏板自由行程过小，即分离杠杆与分离轴承间的间隙过小或消失。分离杠杆端面紧贴在分离轴承端面，使离合器经常处于半接合状态，工作时打滑。一旦发现踏板行程过小，应及时按使用说明书要求调整离合器间隙至标准值。

3. 分离杠杆端面不在一个平面上

技术要求 3 个分离杠杆的端面应在同一平面上，其偏差不应超过 0.2 毫米。否则，将会造成离合器摩擦片偏压、偏磨，摩擦片与压盘的总接触面积减小，导致离合器工作时打滑。遇到这种情况，必须重新调整，确保 3 个分离杠杆端面在同一平面上，同时，分离杠杆与分离轴承之间的间隙应符合技术要求。

4. 油污污染

离合器摩擦片、飞轮、压盘有油污导致离合器打滑。此时，应彻底清洗油污并找出油污的原因，从源头杜绝污染。

5. 摩擦片破损

出现破损，无修复价值的更换新件。

6. 摩擦片磨损

长时间使用的正常磨损，摩擦片变薄，导致摩擦片压盘之间的间隙增大，压力减小而打滑。严重磨损时，会导致铆钉外露，划伤压盘工作面，加重打滑程度。轻度磨损，通过分离杠杆与分离轴承的间隙调整进行补偿，消除打滑继续工作。磨损严重，铆钉外露时，应更换新摩擦片。

7. 摩擦片烧坏

摩擦片表面产生焦层，摩擦系数减小，使离合器打滑，严重烧损者应更换摩擦片。

8. 零部件变形

在动盘、压盘及蝶形弹簧钢片等零件变形时，导致摩擦片与压盘之间实际接触面积减小和不能正常压紧。都会引起离合器打滑，这时应及时修复或更换变形零件。

9. 弹簧过软或折断

压力弹簧过软或折断时摩擦片与压盘不能在规定的压力下接合，离合器经常处于半接合状态。工作中产生打滑，并加速摩擦片磨损，导致打滑故障加重。这时，必须换新的压力弹簧。

10. 分离轴承烧损或卡死

分离轴承一旦被烧损或卡死，离合器便失去分离能力，经常处于半接合状态，使离合器打滑。这种故障一般通过更换分离轴承解决。

六、离合器分离不清的原因及处理方法

1. 离合器分离不清故障的表现

踏下离合器踏板时，传动轴仍然在转动，挂挡困难，有打齿轮的响声。

2. 故障的原因及处理方法

①离合器的分离间隙太大或太小不一。应重新调整离合器分离间隙，调整时应保证 3 个分离杠杆端部与分离轴承之间的间隙一致，并在同一回转平面上。

②从动盘钢片翘曲、变形或进水后锈蚀，使花键套和离合器轴锈死在一起，不能分离。遇此情况，应更换翘曲变形零件，清除锈迹，重新装配使用。

③摩擦片损坏或太厚。应重新铆合摩擦片。

④离合器踏板全行程不够，不能分离。应按使用说明书要求，调整离合器踏板全行程至标准值。

⑤带有制动器的离合器（东方红 – 75/54 型拖拉机），制动器间隙调整不正确。应重新调整制动器和离合器间隙。

⑥拖拉机长期停放，离合器进水，从动片与飞轮或压盘锈死，不能分离。应彻底清除锈迹。

⑦分离杠杆调整螺栓松扣、秃扣或折断，间隙增大，不能分离。应更换新的分离杠杆调整螺栓，并重新调整离合器间隙。

⑧离合器弹簧罩内积满油泥（如手扶拖拉机），弹簧不能压缩，导致离合器不能分离。应彻底清洗油泥和弹簧，重新装配调整至标准。

七、离合器已分离，传动轴不能立即停转的原因及排除方法

1. 故障原因

①制动器的制动片与制动压盘间隙过大，而制动弹簧耳环与制动器压盘的间隙过小或没有间隙。使制动压盘与制动片失去压力，不能制动，传动轴在惯性力的作用下继续转动。

②制动片过度磨损，露出铆钉，制动效果减弱。

③制动弹簧弹力太弱，装配长度过长（即预紧压力减小）或折断，使制动盘的压力减小，失去制动作用。

④制动器弹簧耳环销孔、松放轴承分离插销磨损，间隙增大。工作时使制动压盘与松放轴承产生相对位移（相当于制动

压盘与制动片间隙增大），不能制动。

⑤制动盘与离合器轴连接半圆键脱落，不能制动。

⑥制动片有油污导致打滑，不能制动。

2. 排除方法

综上所述，制动器失灵的原因可归纳为三个方面：一是制动器间隙调整不正确；二是摩擦片被油污；三是摩擦片过度磨损等。针对这些情况可分别采取相应措施给予解决：

①重新调整制动器间隙至标准。

②彻底清洗沾上油污的摩擦片及压盘。

③更换磨损严重的摩擦片。

八、离合器从动摩擦片烧损的原因及预防措施

1. 从动摩擦片烧损原因

从动摩擦片烧损的主要原因是工作中离合器打滑和分离不彻底。而造成离合器在工作中经常出现打滑和分离不彻底的原因，主要是使用人员的违规操作、使用所致。

①违反离合使用的"分离迅速彻底，接合平稳柔和"的操作要求，而是采用"猛然接合和缓慢分离"的错误操作习惯。

②用突然接合离合器的方法，克服拖拉机"陷车"或超越障碍。

③有经常把脚放在离合器踏板上的坏习惯，使离合器长期在半接合状态下工作。

④长期超负荷作业（如推土作业，一味追求工效，超负荷作业）。

⑤经常做急转弯动作，尤其是起步就原地急转弯。

⑥离合器间隙调整不正确，长期"带病"作业等。

2. 预防措施

要想提高离合器的使用寿命，保证离合器经常处于良好技术状态，驾驶人员工作中必须严格遵守拖拉机使用操作规程，克服不良习惯，合理使用机器。

九、离合器和变速箱同心度的检查和调整方法

拆下驾驶室底板和联轴节，用两根直径为 3～4 毫米，一端磨尖的铁丝，分别缠绕在离合器轴和变速箱第一轴的端部，使两铁丝尖端对准而不相顶（图 4－2）。然后转动曲轴，使离合器轴和变速箱第一轴同速转动，观察转动一圈中两铁丝尖端相对位置的变化。如果两铁丝尖端轴向间隙不变，而且始终对正，则表明两轴同心（图 4－2a）；如两铁丝尖端轴向间隙不变，但上下或左右有偏差，则表明两轴存在平行偏移（图 4－2b）（最好能测出偏移量，为下一步调整时作参考）；如果两铁丝尖端轴向间隙变化，上下或左右也有偏差，则表明两轴存在偏斜（图 4－2c）。

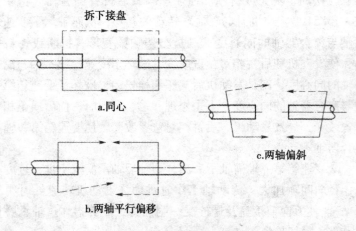

图 4－2 同心度检查情况

一旦发现两轴存在偏移或偏斜时，应进行调整。其方法是：首先松开发动机变速箱及后桥壳体各有关支点的固定螺栓，检查并紧固变速箱与后桥壳体的连接螺栓。当垂直方向不同心时，可通过增加或减少变速箱前支点或发动机前支点的垫片进行调整；当水平方向不同心时，可在前横梁上重新钻定位销孔，再左右移动发动机，使两轴同心。调整结束后，拧紧各支点的固定螺栓，

复查同心度，直到符合要求为止。

十、万向节接盘损坏或螺栓折断的原因及预防措施

1. 故障征象

这种故障多发生在履带式拖拉机上。故障发生前，传动轴有响声，低速运转时，接盘跳动，运动轨迹呈椭圆形。

2. 故障发生的原因

①变速箱第一轴与离合器轴不同心度超过允许值，万向节接盘及螺栓在工作中受一附加力，使接盘螺栓疲劳损坏。变速箱第一轴与离合器轴不同心的原因有下面几点：一是安装调整不当；二是变速箱前支点及后桥壳体固定螺栓，变速箱与后桥壳体的紧固螺栓松动、丢失或折断。使变速箱及后桥有绕后轴（指东方红 –75/54 型拖拉机后空心轴）转动的趋势，从而破坏了变速箱一轴与离合器轴的同心度；三是车架顺梁变形、折断或铆钉松动，使发动机和后桥相对位置改变，破坏了变速箱第一轴与离合器轴的同心度；四是发动机后支座螺栓松动，破坏了变速箱第一轴与离合器轴的同心度；五是修理和铆合车架时，前后横梁相对位置改变，导致发动机、后桥相对位置改变，使变速箱第一轴与离合器轴不同心。

②变速箱第一轴前轴承和离合器轴后轴承润滑不良，过度磨损，径向间隙加大，传动轴工作时跳动（发动机转速低时明显可见）。使万向节接盘及螺栓受一附加力，疲劳损坏。轴承磨损越严重，损坏越快。

③操纵不当。起步、刹车过猛等，都会增加万向节接盘及螺栓的冲击力，将其损坏。

④接盘铆合不好，螺栓质量不好，使螺母易松动或秃扣、松脱，导致接盘损坏。

⑤接盘螺栓质量不好。

3. 预防措施

①按使用说明书要求，定期检查、调整变速箱与离合器的同

心度（东方红－75/54 型拖拉机，每工作 1 400～1 480 小时后进行检查调整）。

②按时润滑离合器后轴承，经常保持变速箱润滑油面高度，以使各轴承有良好的润滑条件。

③遵守操作规程，合理使用机器，做到不超负荷作业，起步、刹车平稳。

④按技术保养条例要求，定期检查万向节接盘及螺栓的技术状态。如果发现松脱及损坏，应及时紧固或更换。

第三节　手扶拖拉机的常见故障及维修

一、挂挡困难

将离合制动手柄拉到底，扳动变速杆时感到挂挡费力，挂挡时有轮齿撞击声，严重时根本挂不上挡。当挂不上挡时，请参照下述方法仔细分析故障原因所在并加以排除：

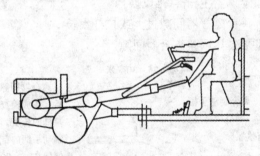

手扶拖拉机挂挡困难时，应从以下两个方面诊断排除：

> ☞ 离合器分离不清
>
> ☞ 变速箱工作不良

挂挡困难的原因分析如下：

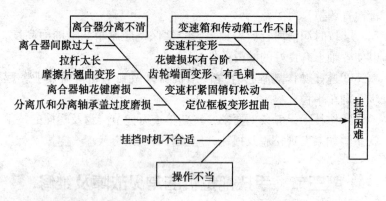

诊断顺序：

1. 离合器分离不清

离合器分离不清时，将离合制动手柄扳到底，离合器主、从动盘之间的动力仍然不能完全被切断。离合器分离不彻底时挂挡，导致轮齿发生撞击，难以换挡。

［诊断一］离合器间隙过大或拉杆太长

［处理方法］调整离合器间隙。

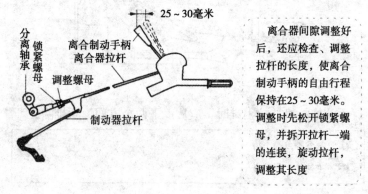

离合器间隙调整好后，还应检查、调整拉杆的长度，使离合制动手柄的自由行程保持在25～30毫米。调整时先松开锁紧螺母，并拆开拉杆一端的连接，旋动拉杆，调整其长度

［诊断二］摩擦片翘曲变形

［处理方法］调换离合器摩擦片。

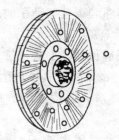

因摩擦片翘曲变形而影响离合器分离时，必须更换离合器摩擦片

［诊断三］分离爪和分离轴承过度磨损

［处理方法］更换离合器轴、分离爪或分离轴承。

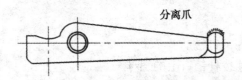

分离爪

更换过度磨损的离合器轴、分离爪或分离轴承

［诊断四］花键磨损

［处理方法］堆焊修理或更换花键轴。

花键磨损，从动盘不能在花键轴上顺利移动，从而导致离合器分离不清。可对花键轴堆焊修理或更换

［应急处理］若在行驶途中出现离合器分离不开而挂挡困难时，可按如下方法操作：

（1）低挡换高挡　以低速挡加速行驶，加速后迅速收油门；与此同时拍动变速杆，挂入高一级挡位。

（2）高挡换低挡　先收油门，待车速降到接近下一级挡位的较低车速时，迅速摘挡并挂入低一级挡位。

驾驶员能采取的预防措施：

（1）驾驶员应定期检查离合器间隙和离合制动手柄的自由行程。

（2）日常使用中应按保养规程正确保养。手扶拖拉机每工作 500 小时或消耗柴油 1 000 千克后，将分离轴承拆下清洗，并放在盛有黄油的容器中加热，使黄油渗入，待凝结后再取出装上。

（3）正确操作和使用离合器。离合器接合时，应缓慢放松手柄；分离时要迅速、彻底，严禁用离合制动手柄控制手扶拖拉机行驶速度；手扶拖拉机停车时，离合制动手柄应处于"结合"的位置上。

2. 变速箱工作不良

［诊断一］变速杆紧固销钉松动

［处理方法］紧固变速拨杆销钉上的螺母。

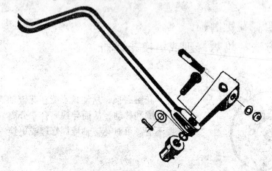

紧固副变速拨杆连接件和变速拨杆的销钉上的螺母

［诊断二］变速杆变形

［处理方法］校正核心变速杆。

［诊断三］花键轴损坏

［处理方法］送厂修理。

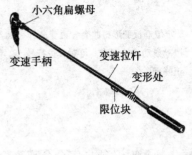

变速杆、变速拨叉严重变形或磨损时，扳动变速杆时不能拨动换挡滑动齿轮，因此挂不上挡。必须对变速杆进行校正

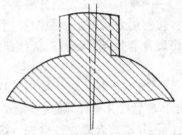

花键轴磨损产生台阶或键齿槽内有杂物、脏物，使滑动齿轮移动困难。须送厂修理

[诊断四]　齿轮损坏

[处理方法]　送厂修理。

换挡齿轮齿端有塌边、崩齿或倒角变形使齿轮难以啮合，须送厂修理

[诊断五]　定位框板变形扭曲

[处理方法]　校正定位框板。

驾驶员能采取的预防措施：

(1) 及时按班保养　每班检查齿轮油油面高度，以油能从检油螺栓孔溢出为符合要求；每工作 500 小时或消耗柴油 1 000 千克后，趁热放出齿轮油，并加入适量柴油清洗，让手扶拖拉机低速空车行驶 2～3 分钟后，放净脏柴油，然后再加入新齿轮油

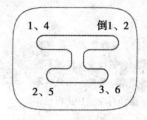

定位框板变形扭曲会导致变速杆拨动滑动齿轮困难。可对其进行校正修理

到规定的油面。

（2）正确操作和使用变速杆　换挡时必须先完全分离离合器，若碰上一时挂不上挡的现象，切勿用力猛击手柄强制挂挡。此时应将离合器先接合一下，再将离合器分离，然后重新挂挡。从前进挡换倒挡时，必须完全停车。

（3）低挡换高挡　加大油门，分离离合器并减小油门，挂空挡，稍停顿一下，及时换入高挡，最后接合离合器前进。

（4）高挡换低挡　先减小油门，分离离合器，挂空挡，接合离合器并加大油门，再分离离合器，及时换入低挡，最后接合离合器前进。

二、起步困难

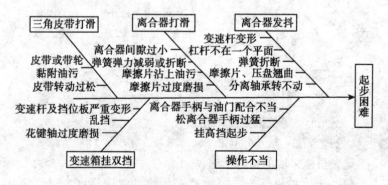

诊断顺序：

1. 三角皮带打滑

飞轮上的皮带轮转动，而从动皮带轮却不转或转动很慢，即

为三角皮带打滑。

[诊断一] 皮带转动过松

[处理方法] 检查调整皮带的松紧度。

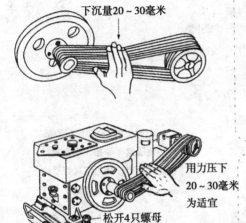

下沉量20～30毫米

三角皮带过松，就会造成皮带打滑，降低传动效率，还会造成皮带损坏，所以对皮带的松紧度要定期检查调整。检查时用4个手指压皮带中部，以皮带下沉20～30毫米为宜

用力压下20～30毫米为适宜

松开4只螺母

调节螺栓

调节时，转动调整螺钉将发动机整体平行前移到三角皮带紧度合适时为止

[诊断二] 皮带或皮带轮上沾有油污

[处理方法] 用碱水擦拭皮带和皮带轮表面的油污。

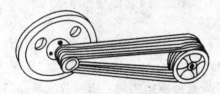

用碱水将皮带、皮带轮表面的油污擦拭干净

驾驶员能采取的预防措施：

（1）定期检查并调整三角皮带的松紧度。

（2）选用符合规格型号、质量好的三角皮带。三根皮带的长度应基本相同，更换皮带时最好同时更换。

2. 离合器打滑

接合离合器后，手扶拖拉机起步困难，有负荷时甚至不能起步，但发动机仍能运转。打滑严重时，离合器会冒烟并发出烧焦气味。

[诊断一] 离合器间隙过小

[处理方法] 调整离合器间隙。

[诊断二] 弹簧弹力过弱或弹簧折断

[处理方法] 更换弹簧。

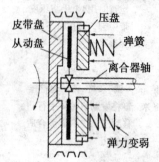

弹簧弹力过弱或弹簧折断都会导致压盘将摩擦片不能紧压在皮带轮上，从而出现打滑现象。因此必须更换弹簧

[诊断三] 摩擦片沾有油污或摩擦片过度磨损

[处理方法] 用汽油清洗摩擦片上的油污。

摩擦片上沾有油污或摩擦片过度磨损以致露出铆钉头，都会使摩擦力降低，发动机的动力也不能完全传给变速箱。

驾驶员能采取的预防措施：

（1）驾驶过程中，尽量避免过分频繁地分离、接合离合器。禁止离合器长时间地处于半分离状态。

（2）离合器装配时，摩擦片应清洁干燥。主动片应放在两片从动片之间；从动摩擦片花键套凸出的一面应背着主动片。

3. 离合器发抖

离合器接合时，离合器不能圆滑地接合，使车身发出令人不快的振动和噪音的现象，即为离合器发抖。

[诊断一] 3个分离杠杆头部不在一个旋转平面上

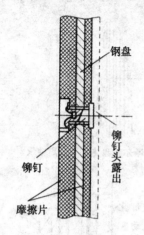

钢盘

铆钉头露出

铆钉

摩擦片

摩擦片上沾有油污时，可用汽油清洗并晾干即可

摩擦片过度磨损露出铆钉头时必须更换摩擦衬片

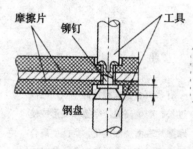

摩擦片　铆钉　工具

钢盘

铆接摩擦衬片时要求铆钉头相对衬片表面下凹衬片厚度的1/2～2/3

［处理方法］调整 3 个分离杠杆头，使之处于同一个旋转平面上。

［诊断二］分离轴承不转

［处理方法］拆下分离轴承进行清洗。

［诊断三］离合器弹簧折断

［处理方法］更换离合器弹簧。

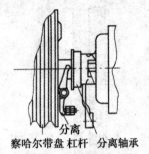

如果分离轴承不能转动，在与分离杠杆接触时会发出金属摩擦的噪音，放松离合制动手柄时，响声消失。加注润滑油润滑分离轴承，如仍不能转动，可拆下分离轴承浸泡在机油或柴油中一段时间

察哈尔带盘 杠杆 分离轴承

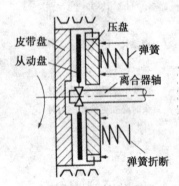

皮带盘
从动盘
压盘
弹簧
离合器轴
弹簧折断

离合器弹簧折断或弹簧变弱，使离合器的压紧力不一致，因此导致离合器接合不良。必须更换弹簧

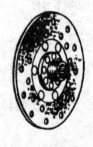

有些离合器摩擦片因半联动时间过长，产生高温使摩擦片变形或使摩擦片表面烧蚀硬化，均能使离合器接合时产生发抖的现象。此时应更换摩擦片

三、底盘异响

异响是指手扶拖拉机在操作或行驶过程中发出的一些不正常的响声。异响通常是手扶拖拉机某些部位性能发生改变的外部征象之一，应及时加以排除。

底盘异响发生在以下两个部位：

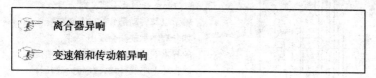

☞ 离合器异响

☞ 变速箱和传动箱异响

底盘异响常发生的部位及原因分析如下：

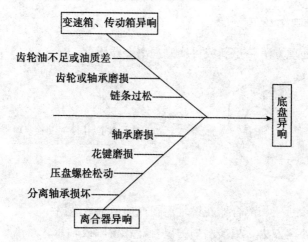

诊断顺序：

1. 离合器异响

[诊断一] 离合器分离轴承缺油或烧蚀损坏

[处理方法] 用机油壶给离合器分离轴承加注润滑油。

[诊断二] 离合器压盘的铆钉或螺栓松动

拉起离合制动手柄时发响，一般是分离轴承损坏；放松离合制动手柄时发响，为离合器内部零件损坏

此处有卡涩现象

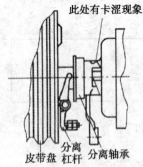

皮带盘　分离杠杆　分离轴承

拉起离合制动手柄，离合器分离轴承以其转动部分推动分离杠杆。如分离轴承缺油会发出"沙、沙"的异常响声；如果分离轴承缺油烧蚀损坏，不能转动，在与分离杠杆接触时，会发出金属摩擦声，松开离合制动手柄，响声消失

[处理方法] 重新或更换修理离合器压盘。

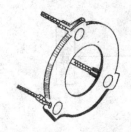

将压盘重新固紧或更换修理

[诊断三] 离合器花键轴磨损或前后轴承磨损

[处理方法] 更换磨损的离合器花键轴或轴承，重新铆紧或更换摩擦片。

2. 变速箱和传动箱异响

[诊断一] 齿轮油不足或油质差

齿轮油不足，齿轮油脏污、变质，使齿轮和轴承齿轮状况恶化。当齿轮油短缺时，除产生异响外，油温也会升高。

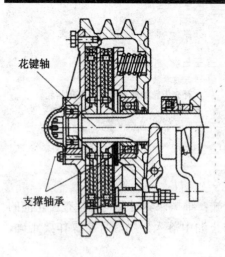

接合离合器的过程中，离合器内发出"喀啦、喀啦"声，为花键磨损；发出"咕、咕"声，一般为支撑轴承磨损严重

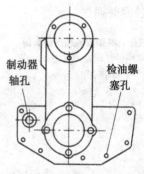

齿轮油不足，齿轮油脏污、变质，使齿轮和轴承润滑状况恶化。当齿轮油短缺时，除产生异响外，油温也会同时升高。检查齿轮油是否充足时，齿轮油应从检油螺栓孔中溢出，否则为不足

［处理方法］补充或更换齿轮油。

［诊断二］齿轮齿面严重磨损或疲劳损伤、滚动轴承过度磨损

一般可用变挡、变速的方法来判断异响的来源，如果仅挂某一挡有异响通常是该挡齿轮磨损；如果所有挡位均有异响，通常是轴承或常啮合齿轮磨损或损坏。

［处理方法］齿轮和轴承磨损超限或损坏时，必须及时更换。

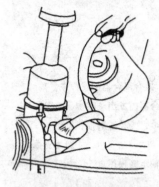

补充齿轮油或更换质量好的齿轮
油

驾驶员能采取的预防措施：维护保养时要定期检查齿轮油的数量和齿轮油的质量，并防止油中落入异物。日常操作要正确，不要长时间超负荷运转。

［诊断三］链条过松、链条或链轮过度磨损

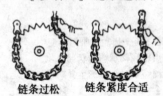

链条过松、链条或链轮过度磨损
而导致"爬链"现象，发出一声声
的"嘎、嘎"的响声

链条过松　　链条紧度合适

［处理方法］调整链条或更换链条。

四、传动箱出现故障及维修

1. 造成传动箱开裂的主要原因

①道路不平，传动箱体承受高频率的冲击荷载，使驱动轴变形，箱体受力情况发生变化，导致箱体开裂。

②连接最终传动箱体与变速箱体的双头螺栓未及时检查、紧固，驱动轴的轴向间隙增大，冲击负荷增大。

③圆锥滚子轴承滚柱磨损，轴承内外圈相对位置发生变化，冲击负荷增大而导致箱体开裂。

2. 预防措施

①定期检查，并紧固箱体与其他部件的紧固螺栓，及时更换

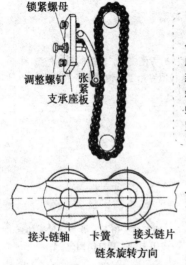

锁紧螺母

调整螺钉 张紧
支承座板

链条过松、链条或链轮过度磨损会导致传动箱发出不正常的响声。应及时调整链条至合适紧度或更换新链条，并经常检查传动箱与变速箱紧固螺栓。调整时要先松开锁紧螺母，顺时针旋转调整螺钉至合适紧度，最后拧紧锁紧螺母

接头链轴 卡簧 接头链片
链条旋转方向

链条过松时也可拆去一个链节。拆卸时需要用锉刀锉掉铆钉头

损坏的零部件。

②用圆柱滚子轴承代替圆锥滚子轴承。

③用铁板自制框架，将两传动箱体固为一体。这样，可以用调节螺栓张紧度，缓冲冲击力。

五、发动机部分故障及维修

发动机启动的前提是必须达到柴油机的最低启动转速（80～160 转/分钟），以保证汽缸内压缩终点的温度超过柴油的自燃温度（300～500℃），从而实现汽缸内第一次点火燃烧，柴油机才能自行运转。

正在使用的手扶拖拉机，停车后发动机突然不能转动是少见的，一般是渐渐感到启动困难，直到最后不能启动。

柴油机启动困难或不能启动，问题常发生在油路和电路，判断和排除比较简单。如果您的手扶拖拉机不易启动，请不要着急，按以下所述步骤和方法，就能很快排除故障，使发动机启动。

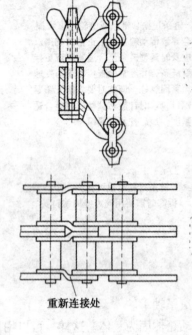

为方便安装，装配时可用链条
拉紧专用工具钩紧链条的两端

重新装配链条，并将链轴铆住
或用卡簧、开口销固定

重新连接处

在判断齿轮箱异响时，要注意
将其与罩壳、扶手架等部件因震
动而发出的响声区分开

　　发动机启动困难或不能启动，可从以下 5 个方面去诊断
排除：

> ☞ 油路不良
>
> ☞ 柴油不良
>
> ☞ 发动机调整不当
>
> ☞ 汽缸压力低
>
> ☞ 环境温度过低

发动机启动困难或不能启动的原因分析：

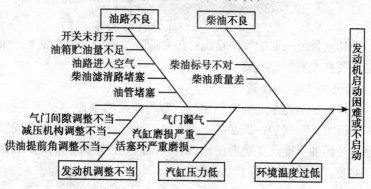

诊断顺序：

1. 油路不良

[诊断一] 油箱开关未打开、油箱贮油不足或通气孔堵塞

油箱盖上通气孔堵塞，在运转中输油泵不断抽吸燃油，使油箱形成真空，油料吸不出来，造成供油不足、发动机启动困难的故障。

油箱开关未打开；燃油不足

［处理方法］加注燃油，打开燃油开关或保持通气孔畅通。

驾驶员能采取的预防措施：经常清除油箱箱盖上的泥土，保持通气孔或通气管畅通。

［诊断二］油路进入空气

可旋松喷油泵上的放气螺钉，察看流出的柴油中有无气泡，如油流中夹有气泡，即油路进入空气。油路进入空气就会造成气障，使燃油不能产生足够的压力，以至进入汽缸的燃油减少或完全停止，造成发动机启动困难。

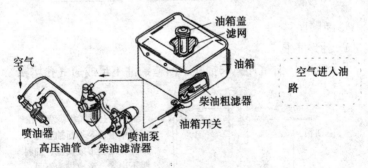

［处理方法］紧固各油管接头，排除油路中的空气。

（1）紧固各油管接头。

（2）排除油路中的空气。

驾驶员能采取的预防措施：定期检查各油管接头、柴油滤清器盖处的密封情况。

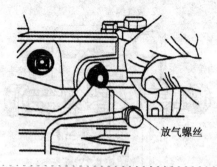

放气螺丝

油管接头如果漏气或漏油，不可单纯依靠扳手旋紧，必须找出原因。低压油管接头漏气、漏油的，往往由于铜或铝制的密封垫圈损坏或空心接头螺丝接合面不平正。高压油管接头产生漏油漏气的，往往由于管端锥形接头损坏或管接头的外螺纹和管口内的锥面不同心。而管端锥形接头的损坏，往往由于装合不正。因此在装合时必须将管子和锥形接头摆正。因高压油管较硬，更不可单纯依靠旋紧接头螺母来拉拢，以致接合不正或螺母破裂、滑丝。自制接头时，要切实注意其外螺纹和管口的锥面保持同心

从这里放气

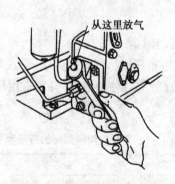

[诊断三] 柴油滤清器堵塞或油路堵塞

[处理方法] 清理柴油滤清器或油路。

2. 柴油不良

[诊断一] 柴油牌号不对

柴油牌号不适当，黏度过大，不易流动，使输油泵吸不进

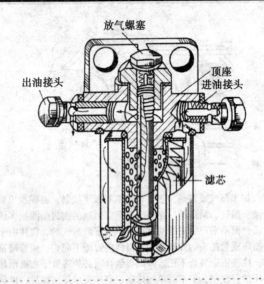

放气螺塞

出油接头

顶座
进油接头

滤芯

当旋松喷油泵放气螺钉，摇动曲轴泵油时，感觉阻力较大压不下去或来油不畅；放气螺钉处流出的油量较小或无油流出的，为柴油滤清器阻塞

油，造成发动机启动困难。

[处理方法] 更换柴油，尽量使用 10 号或 20 号轻柴油。

驾驶员能采取的预防措施：熟悉几种常用轻柴油的适用季节（表 4 – 1）。

表 4 – 1　几种常用轻柴油的适用季节

轻柴油的牌号	适用季节
0	适用于全国 4~9 月份使用，长江以南地区冬季也可使用
10	适用于长城以南地区冬季和长江以南地区严冬使用
20	适用于长城以北地区和西北地区冬季和长城以南、黄河以北地区严冬使用
35	适用于东北和西北地区严冬使用
50	适用于东北、华北和西北的严寒地区使用

[诊断二] 柴油质量差

当手扶拖拉机一直状况良好，使用新加注的柴油后发动机启动困难，说明加注的柴油有杂质或有水分。

[处理方法] 加注清洁的柴油。

加注室外存放的柴油时，最好将水分和杂质充分沉淀，然后再使用。油桶底部的柴油最好做其他用途。

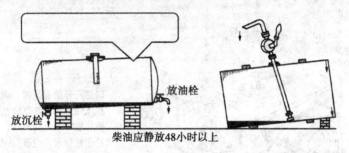

柴油应静放48小时以上

3. 发动机调整不当

[诊断一] 供油提前角调整不当

[处理方法] 检查和调整供油提前角。

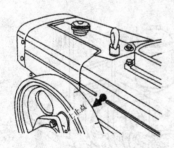

供油提前角是指喷油泵供油开始到上止点为止，曲轴所能转过的角度。S195柴油机的供油提前角为16°~20°。供油太迟会造成发动机启动困难，燃烧不完全，排气带烟，机温过高

[诊断二] 减压机构调整不当

减压机构的功用是在柴油机启动时使气门打开，汽缸内空气不受压缩，以减少曲轴转动的阻力，加快曲轴转动，使发动机启动顺利。若减压机构不灵，发动机启动阻力增大，使发动机启动困难。

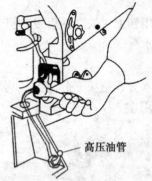

拆下接喷油嘴一端的高压油管螺母；旋松另一端的高压油管螺母，使油管口朝上，再将手油门放在供油位置，转动飞轮，使高压油管充满柴油

高压油管

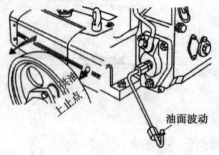

缓缓转动飞轮，当管口油面开始上升时，观察飞轮上的供油刻线是否对准水箱上的刻线，若相差较大，应进行调整

供油
上止点

油面波动

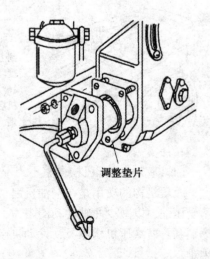

若供油时间太迟，则减少喷油泵垫片；供油时间太早，则增加喷油泵垫片
一般增加或抽去0.2毫米厚的垫片，供油提前角落后或提前3°

调整垫片

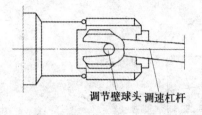

调节壁球头　调速杠杆

装喷油泵时，要特别注意：柱塞调节臂应嵌在调速杠杆槽子内

[处理方法] 调整减压机构。

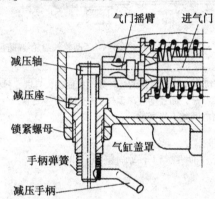

气门摇臂　进气门

减压轴

减压座

锁紧螺母

气缸盖罩

手柄弹簧

减压手柄

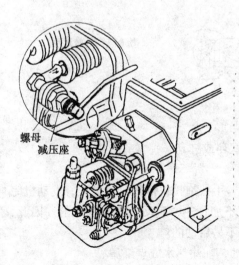

螺母
减压座

转动飞轮，使飞轮上的上止点刻线对准水箱的刻线，置活塞于压缩行程上止点位置，使进、排气门处于关闭状态

拧松锁紧螺母，顺时针转动减压座一个角度，则减压增强，否则减弱

4. 汽缸压力低

［诊断一］气门漏气

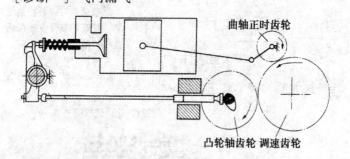

曲轴正时齿轮

凸轮轴齿轮 调速齿轮

> 不打开减压机构也能较轻松的摇转柴油机曲轴，且进、排气管内有明显的"喘、喘"声，则表明气门漏气。气门漏气主要是由气门或气门座烧蚀或气门间隙调整不当所致

［处理方法］研磨气门或调整气门间隙。

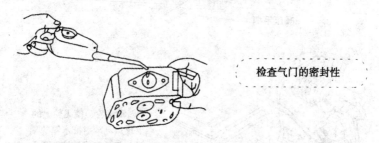

检查气门的密封性

［诊断二］汽缸磨损严重

［处理方法］更换活塞环或缸套。

5. 环境温度过低

当气温在 −15℃以下，手扶拖拉机停放时间过久，发动机完全冷却，此时发动机如果不加预热，启动是非常困难的。因此，天气非常冷时，发动机是不易启动的。

［处理方法］预热机油，加注热水或点纸湄。

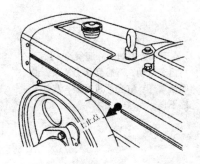

转动飞轮，使飞轮上的上止点刻线对准水箱上的刻线

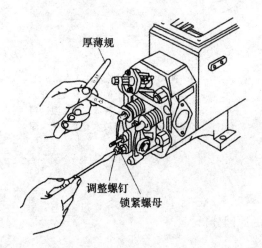

厚薄规

调整螺钉
锁紧螺母

用扳手和螺丝刀松开摇臂上的锁紧螺母和调整螺钉，把厚薄规插入气门与摇臂之间，拧动调整螺钉

进、排气门间隙分别为0.35毫米、0.45毫米

六、发动机自动熄火

在行驶途中，发动机突然熄火，停止运转，这是一件令人不愉快的事情。柴油机自动熄火的主要原因是燃油供给出现毛病，其诊断排除一般比较简单。

从实践得知，造成柴油机自动停机的原因往往是由于燃油供给系统出现故障；也可能是由于零件损坏、折断、脱落或咬死造成的。如果柴油机的转速低于最低转速或负荷过重，也会造成自动停机。

发动机自动熄火，主要表现以下两种症状：

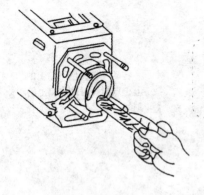

在通气管里加少许润滑油，然后再摇车启动，若感到压力增大，说明活塞环、缸套严重磨损，汽缸压缩不良

把90～95℃的热水注入水箱，注满后，将缸体上的放水开关打开，使之边加边流，待流出的水温达到30～40℃时，将放水开关关闭，即可启动发动机

发动机自动熄火的原因分析：

诊断顺序：

1. 慢慢熄火

在发动机熄火之前，先出现燃烧过程恶化，运转不正常，功率下降或不稳定现象，再自动熄火。

［诊断一］燃油耗尽

［处理方法］添加柴油。

［诊断二］油路堵塞

［处理方法］清洗或更换柴油滤清器、疏通油箱盖通气孔、清洗管路滤网。

［诊断三］汽缸垫损坏

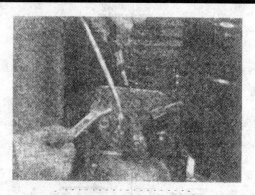

点燃纸插螺栓，并插入燃烧室内，加热空气，即可启动发动机

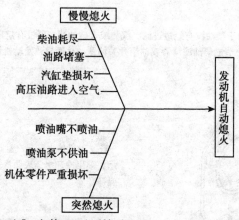

[处理方法] 去修理厂更换汽缸垫。

[诊断四] 高压油路进入空气

[处理方法] 更换喷油嘴。

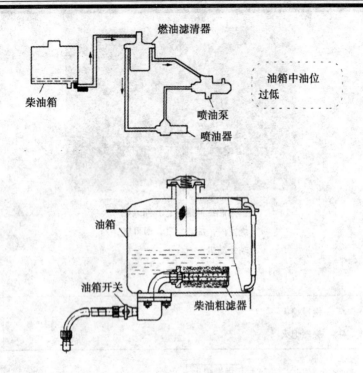

燃油滤清器

柴油箱

油箱中油位
过低

喷油泵

喷油器

油箱

油箱开关

柴油粗滤器

由于柴油没有经过过滤、沉淀或者柴油滤清器没有定期清
洗，造成柴油滤清器或油箱开关堵塞，从而导致发动机熄火

若发动机熄火前，汽缸垫处冒黑
烟，喷出冷却水，表明汽缸垫烧毁
或冲坏

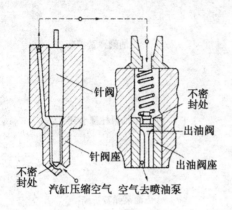

针阀

不密封处

出油阀

针阀座

出油阀座

不密封处

汽缸压缩空气　空气去喷油泵

> 高压油路进入空气的原因是某一缸的喷油嘴与出油阀不密封，汽缸内的压缩空气先从喷油嘴喷孔进入，经油管到达出油阀，空气便从不密封的出油阀与阀座之间进入喷油泵，由于每次有少量空气，所以发动机工作一会儿，空气就会充满喷油泵，造成发动机自动熄火

2. 突然熄火

行驶中，发动机突然熄火，往往是发动机发生了机械损坏。

［诊断一］喷油嘴不喷油

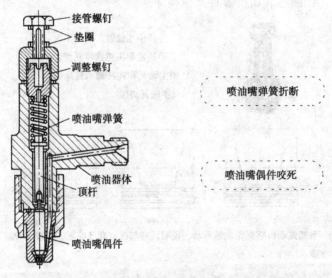

接管螺钉

垫圈

调整螺钉

喷油嘴弹簧

喷油器体

顶杆

喷油嘴偶件

> 喷油嘴弹簧折断

> 喷油嘴偶件咬死

［处理方法］拆下喷油嘴研磨或更换。

［诊断二］喷油泵不供油

出油阀弹簧折断

喷油泵柱塞卡死

油泵弹簧折断

[处理方法] 研磨喷油泵柱塞或更换弹簧。

[诊断三] 机件零件严重损坏

连杆小瓦烧毁
手摇发动机感到特别费力，表明主轴瓦和连杆轴承被烧毁
主轴瓦烧毁

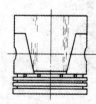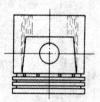

手摇发动机感到曲轴转不动，说明活塞与汽缸套已咬死，出现了拉缸故障

[处理方法] 送到修理厂维修发动机。

驾驶员能采取的预防措施：定期检查发动机各紧固件，及时

添加冷却水。

七、发动机异响

发动机因磨损、修理、调整或使用不当等原因，使配合间隙超过了标准，机件相互位置发生了变化，机件出现了不规则、不平衡、不协调等现象，导致发动机运转中发出一种超出技术要求的响声，称为异响。

发动机异响包括敲击声、爆震声、摩擦声、漏气声等。

由于柴油机运转时发出较大的爆燃声，因此，对某些低小的不正常响声，常常不易清晰听出，必须仔细地分辨。

发动机出现异响时，应立即到修理厂去诊断排除，以免造成更大的损失。

发动机通常有以下 3 类异响：

> ☞ 爆震声
> ☞ 摩擦声
> ☞ 敲击声

发动机异响的原因分析：

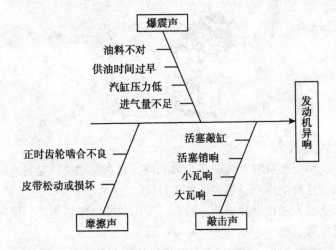

诊断顺序：

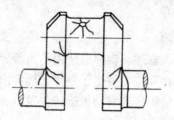

发动机熄火前，伴有金属敲击声，可能是曲轴或连杆螺栓断裂

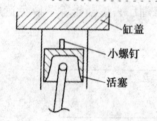

缸盖

小螺钉

活塞

汽缸内进入坚硬的异物，如螺母、螺钉等，使活塞与汽缸盖顶死

1. 爆震声

发动机燃烧时产生的不正常响声，是在发动机特定转速时出现的，这种响声可以通过调整来排除。

造成发动机爆震响的原因有：使用的柴油规格不对、供油时间过早等。

［处理方法］调整校正发动机供油提前角。

驾驶员能采取的预防措施：熟悉粗略检查与调整发动机供油

提前角的方法。

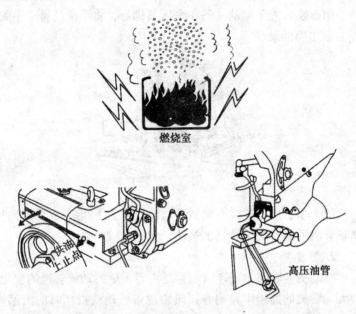

燃烧室

供油
上止点

高压油管

195型柴油机的供油提前角为上止点前16°~20°。

供油提前角的检查方法一般采用高压油管溢油法。将高压油管从喷油器上卸下，旋松喷油泵一端高压油管接螺母，将高压油管旋一个位置，使高压油管接喷油器一端的管口向上，再将与喷油泵一端连接的管接螺母旋紧。将调速把手置于转速指示牌的中间位置，以运转方向转动飞轮，使油管里充满柴油。为便于观察，可对准油管出口处吹一口气，使液面向下凹，再继续慢慢转动飞轮，当看到油管口液面向上波动的一瞬间，应立即停止转动飞轮，检查飞轮上"供油"刻线是否对准水箱上的刻线，用卷尺量取飞轮上止点刻线与水箱刻线之间的弧长，飞轮转过1°，相当于飞轮弧长3.7毫米，弧长除以3.7毫米即为度数。如不合要求，应该调整

调整步骤：

第 1 步：关闭油箱开关。

第 2 步：拆下喷油泵的进油管。

第 3 步：旋下喷油泵的 3 个固紧螺母，将手油门置于中间位置，取出喷油泵。

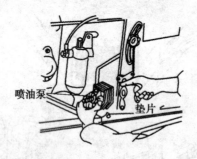

喷油泵

垫片

第 4 步：增加或减少喷油泵与齿轮室盖之间的调整垫片进行调整。供油时间太早就增加垫片，太迟就减少垫片。

2. 摩擦声

发动机运转时出现连续的异常声音，随发动机转速的变化而增大。常见的连续声异响有：风扇皮带松动或损坏时的滑磨声、发电机轴承损坏和水泵轴承损坏的响声、正时齿轮啮合不良的响声等。

[处理方法] 更换发出连续声异响的零配件。

当发动机出现连续声的异响时，应及时到修理厂进行修理，排除异响。如果行驶在途中出现异响时，应及时处理，以免零件损坏，影响您的行车。

3. 敲击声

发动机出现的敲击声多为发动机机械部分异常而发出的，是比较严重的异响。

约10毫米

风扇皮带过
松

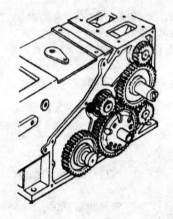

正时齿轮啮
合间隙过大，
造成啮合不良

　　上述响声，均表现为明显节奏的金属敲击声，并随发动机转速而变化。出现上述异响，均表明发动机出现严重的故障，必须立即送厂修理。

　　［处理方法］送厂修理，排除异响。

活塞敲缸响：发动机怠速运转时，发出清晰有节奏的"刚、刚"声

大瓦响：发动机在中、高速动转时，发出"鸣—呤、呤、呤"声

活塞销响：发动机在中速运转时，发出比活塞敲缸更加清晰有节奏的"塔、塔"敲击声

小瓦响：发动机在中速运转时，发出较重而短促的"鸣—嗒、嗒、鸣"的金属敲击声

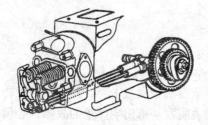

气门弹簧折断，发出响声

摇臂与气门尾端发出撞击声

气门挺柱发出响声

如果在行驶途中出现异响时，切勿勉强行驶，应请专业修理人员鉴定和处理后，方可继续行驶，否则会损坏机件，严重时会使发动机报废

第五章　碾米机械故障及维修

第一节　胶辊砻谷机故障及维修

一、脱壳率过低

发生故障的原因：辊压调节机构的重砣加得太轻，辊间压力不够；快辊胶层磨耗过多；胶辊传动机构的齿轮箱挡位选择不当，造成线速度差降低（线速度是表示机械中轮、辊、盘等圆形旋转部件旋转速度的名词，以米/秒为单位。线速度高，则表示圆形旋转部件转得快；线速度低，则表示转得慢。计算方法是：圆形旋转部件每分钟的转数乘以该部件外缘的圆周长，再除以60，便得出每秒钟转多少米长的线速度）；传动皮带严重打滑，也会引起线速度差降低；胶辊表面产生凹凸不平、起槽失圆和产生大小头；进料流量过大；胶辊产生毛边。

故障排除方法：适当增加调节压砣重量；变换快、慢辊线速，使两个胶辊保持应有线速度差；张紧传动皮带，减少打滑，提高两胶辊线速差；维修胶辊或更换不合格胶辊；适当控制进料流量；保证淌板导料准确，胶辊与淌板两边对齐。

二、砻下物含碎米和断腰米增多

发生故障的原因：压砣加得太重，辊间压力太大；线速差过大，脱壳率过高；砻谷机震动过剧；回砻谷含糙米过多；胶辊表面硬度过高；原粮水分过高或过于干燥。

故障排除方法：适当减轻压砣重量；调节快慢辊线速，保证正常线速差，降低脱壳率；正确固定砻谷机，减轻砻谷机震动；控制回砻谷含糙米不超过10%；调换硬度不合适的胶辊，胶辊露铁后应及时更换；适当控制原粮水分，根据原粮情况合理掌握脱壳率。

三、稻壳内含粮过多

发生故障的主要原因：吸风量过大，引起吸口风速过高；稻壳分离淌板安装不正，角度过平，板面不平整或后风门调节板过低；匀料斗（板）磨穿。

故障排除方法：适当减少吸风量；仔细检查稻壳分离淌板，保证板面平整，调节正确；更换磨穿的匀料斗（板）。

四、砻下物含稻壳过多

发生故障的原因：吸风量不够；稻壳风管、稻壳间或稻壳收集器堵塞；稻壳分离淌板角度过大或后风门调节板过高与过低；吸风口风管漏风；匀料斗（板）磨穿。

故障排除方法：适当增加风量；检查清理风管、稻壳室及收集器；仔细检查调整淌板角度或后风门调节板；加强风管密封；更换匀料斗（板）。

五、胶辊表面出现沟槽

发生故障的原因：进料流层厚薄不匀或流量过大；砻谷机震动过剧；原料含硬性杂质过多；落料冲击胶辊；线速度过低或线速差过大；原料水分过高；胶辊硬度选择不当。

故障排除方法：保证淌板平整，清除落料口杂质等障碍，控制流量；正确安装固定砻谷机，减少机器震动；加强原粮清理去石和磁选；正确调整淌板角度，使落料对准轧距；合理调整线速度和线速差；控制进机原粮水分不要太高；根据气温，合理选择胶辊硬度。

六、胶辊产生大小头

发生故障的原因：两胶辊轴中心线安装不平行；闸门开启大小不一致，淌板两侧高低不一；压砣一边重，一边轻；胶辊保管不善，变形变质；回砻谷进机前与净谷掺和不匀；两边手轮压紧弹簧弹力不一致。

故障排除方法：保证两胶辊轴线平行；保证料门大小开启一致，淌板安装平整，角度一致；检查杠杆机构，调整压砣位置；加强胶辊维护；使回砻谷与净谷掺和均匀；更换弹性不一致的手轮压紧弹簧。

七、胶辊中部产生凹凸现象发生故障的原因

淌板下料不匀，中间和两边厚薄不一致；淌板宽度窄于胶辊；两胶辊中心线不平行；进料闸门磨损成月牙形。

故障排除方法：检查淌板的平整度和角度，调节机械的安装情况，使进料闸门开启一致；更换不合格的淌板；校正胶辊，使两胶辊中心线平行；更换磨损不能用的闸门。

八、胶辊产生麻点或云斑

发生故障的原因：稻谷中含硬性杂质（如石块）过多；回砻谷含糙米过多；压砣太重，使辊间压力太大而产生高温；胶辊质量不合格；活动辊发生跳动；胶辊表面沾油腐蚀。

故障排除方法：加强对加工稻谷的清理，清除石块等硬性杂质；降低回砻谷含糙率；调整压砣重量，使其恢复正常；使用质量合格的胶辊；检查活动胶辊轴承或轴承附件是否松动，如有松动，要加以紧固，轴承磨损严重的应予更换；加强胶辊保养，清除油污。

九、砻谷机震动过剧

发生故障的原因：安装固定的零件或螺丝松动；胶辊不平衡；胶辊轴承损坏；传动皮带过紧或过松；线速度和线速差过大。

故障排除方法：检查紧固安装固定的零件、螺丝；校正胶辊偏重、失圆与轴的同心度，检查胶辊校正时所加平衡物是否脱落；更换损坏的轴承；调整传动皮带松紧度；合理调整线速度和线速差。

十、自动松紧辊机构失灵

发生故障的原因：行程开关支架或感应板上的螺钉松动；电

路发生故障；压砣紧辊机构杆件连接松脱；活动辊轴承座与销轴卡死。

故障排除方法：在断电情况下，调整行程开关支架或感应板的位置，并拧紧螺钉；排除电路故障；紧固调整各连接杆件；拆下清洗卡死的销轴与轴承，使之恢复灵活状态，必要时更换新件。

第二节　砂盘砻谷机故障及维修

一、生产率降低

发生故障的原因：砂盘砻谷机主轴没达到额定转速；砂盘严重磨损；砂盘间隙过小。

故障排除方法：保证额定转速；更换新砂盘；正确调整砂盘间隙。

二、含谷率高

发生故障的原因：砂盘转速低；砂盘磨损严重；砂盘间隙太大；进料流量过大，稻谷湿度大，不利于加工等。

故障排除方法：提高砂盘转速；更换或维修砂盘；正确调整砂盘间隙；减少进料流量；晒干稻谷，使之便于加工。

三、砻谷机工作时发生剧烈震动

发生故障的原因：安装机座不稳固；紧固机件或螺丝松动；主轴弯曲；机器安装不平；转速太快等。

故障排除方法：紧固机座和紧固连接件和螺丝；修理或更换弯曲的主轴；更换调整垫使机器处于水平状态；保证额定转速。

四、有噪音或撞击声

发生故障的原因：稻谷中有小铁屑等硬杂物混入；砂盘崩裂。

故障排除方法：打开固定砂盘清理杂物，清理稻谷中的硬杂物；更换崩裂的砂盘。

第三节　联合碾米机故障及维修

联合碾米机在生产中常会出现产量下降、碎米率增加和成品米精度不匀等现象，有时甚至会产生异常响声和异常味道，电流猛增，机身强烈振动等故障。为确保安全生产、保证产品质量，必须及时分析产生故障的原因，掌握排除故障的方法，使作业顺利进行。

1. 产量显著下降

发生故障的原因：铁辊筒前边的螺旋输送器严重磨损，输送作用减弱；使用砂辊的碾米机砂辊严重磨损；因螺钉松动或安装差错，进料衬套产生转动，使碾白室进口截面减小。

故障排除方法：更换螺旋输送头；加厚压筛条或更换严重磨损的砂辊；调整进料衬套。

2. 成品米中碎米过多

发生故障的原因：米刀进给量过大；米筛和米筛之间连接不平整，碾辊与螺旋输送头连接不好；砂辊表面出现严重高低不平；碾白室间隙过小；机身震动。

故障排除方法：适当调节退出米刀；重新按要求安装好米筛；修整砂辊，使其表面平整，使其与螺旋输送器连接平整通畅；调节好碾白室间隙；检查紧固安装螺丝及有松动的零部件，更换损坏的零件。检查砂辊是否偏重，如偏重则应及时修整或调换。

3. 单位产量耗电过高

发生故障的原因：出米口调节压砣过重或外移量过大；砂辊严重磨损；出米口积糠过多；压筛条严重磨损。

故障排除方法：适当减轻压砣重量或将压砣内移；更换砂辊，清理出米口，更换压筛条。

4. 成品米糙白不匀

发生故障的原因：米刀、压筛条严重磨损；铁辊筒上的拨料凸筋严重磨损；砂辊严重磨损。

故障排除方法：适当推进米刀或更换米刀；更换严重磨损的压筛条；调换拨料凸筋严重磨损的辊筒；更换砂辊。

5. 成品米中含糠多

发生故障的原因：擦米辊严重磨损；碾白室间隙过大，米筛筛孔过小或堵塞；需加工的糙米中含谷过多。

故障排除方法：更换擦米辊；调整碾白室间隙；更换或清理米筛；提高砻谷机脱壳效果，减少糙米中含谷量。

6. 碾白室及擦米室堵塞

发生故障的原因：进料量过大，压砣过重或外移过大；传动带过松打滑，擦米室进口和出米口堵塞；螺旋输送器严重磨损。

故障排除方法：减少进料量，减轻压砣或将压砣内移；张紧传动带，打皮带油以减少打滑；清除堵塞物；更换螺旋输送器。

第六章　谷物收割机故障及维修

第一节　联合收割机故障及维修

一、切割器刀片、护刃器及刀杆（刀头）损坏的原因及排除方法

1. 切割器护刃器损坏原因及排除方法

①硬物（石块、木棒等）进入切割器，打碎刀片及护刃器。其排除方法是：清除硬物，更换损坏的刀片及护刃器。

②护刃器变形。其排除方法是：应校正或更换新件。

③定刀片高低不一致。其排除方法是：按技术要求重新调整，保证所有定刀片在同一平面上，其偏差不应超过 0.5 毫米。

④定刀片铆钉松动。其排除方法是：重新铆接定刀片。

2. 刀杆（刀头）折断的原因及排除方法

①割刀阻力大（如护刃器不平、刀片断裂、压刃器无间隙及塞草等）。其调整方法是：应调整护刃器，使所有护刃器及定刀片在同一平面上，其偏差在 0.5 毫米以内。压刃器与动刀片间隙最大不应超过 0.5 毫米。断裂刀片应更换。

②割刀驱动机构安装调整不正确或松动，应重新调整驱动机构，使割刀在极限位置时，动、定刀片中心线重合。对松动部位重新紧固。

二、拨禾轮常见故障及排除方法

作业中拨禾轮较常见故障为：拨禾轮打落籽粒太多、拨禾轮缠草、拨禾轮翻草等。

1. 拨禾轮打落籽粒太多的原因及排除方法

①拨禾轮转速太高。其调整方法是：降低拨禾轮转速。拨禾轮转速应随收割机作业的前进速度的变化而变化，正常情况下，拨禾轮运动特性系数在 1.5 ~ 1.7 较为理想。

②拨禾轮位置偏前。其调整方法是：适当后移拨禾轮。

③拨禾轮太高打击穗头。其调整方法是：降低拨禾轮高度。正常情况下，拨禾轮拨禾时，压板（或弹齿）应扶持在株高的 2/3 处为宜。

2. 拨禾轮缠草的原因及排除方法

①作物长势蓬乱。

②茎秆过高、过湿、杂草较多。遇此情况应灵活掌握拨禾轮的高度，尽可能用弹齿挑起扶持切割，一旦出现缠草应立即清除，以免越缠越多，增加割台损失和机件损坏。

③拨禾轮偏低。应适当调高。

3. 拨禾轮翻草的原因及排除方法

①拨禾轮位置太低，拨禾弹齿不是拨在株高的 2/3 处，而是向下拨在株高 2/3 以下的部位。被割下的禾秆容易挂在拨禾弹齿轴上被甩出割台或缠在弹齿轴上。此时应调高拨禾轮，使弹齿拨打在禾秆 2/3 高处即可排除翻草现象。

②拨禾轮弹齿后倾角偏大。调整时，应根据作物的自然状况，合理调整弹齿倾角。正常情况下，弹齿应垂直向下。只有出现倒伏时才适当调整弹齿倾角。

③拨禾轮位置偏后。正常情况拨禾轮轴应位于割刀前端的铅垂面上。只有在收割倒伏或特矮秆作物时，才可以适当后移。

三、割刀木连杆折断的原因及排除方法

1. 木连杆折断的原因

①割刀阻力太大（如塞草、护刃器不平、刀片断裂、变形、压刃器无间隙等）。

②割刀驱动机构轴承间隙太大。

③木连杆固定螺钉松动。

④木材质地不好。

2. 故障排除方法

①为减小割刀的切割阻力，检修过程中，对切割器装配时，应按技术要求认真安装调整，保证所有护刃器尖在同一水平面内，偏差不大于 3 毫米，且不得弯曲、变形；活动刀片和固定刀片的铆合应牢固，并保持完整锋利；活动刀片与定刀片间隙前端小于 0.3 毫米，后端应为 0.5 ~ 1.0 毫米；压力器间隙不大于 0.5 毫米，也不能没有间隙；发现割刀堵塞应立即排除，排除时应先查明造成堵塞的原因。

②按要求合理调整割刀驱动机构轴承间隙。

③注意检查木连杆固定螺钉。

④木连杆材质应选用硬杂木和橡木（也叫柞木）、水曲柳等，这些木料既有硬度又有韧性，要求其纹理为顺纹，无节疤。

四、收割台作业时常见故障及排除方法

收割台作业时常见的故障有：

被割作物堆积于台前，被割作物向前倾倒，被割作物在割台搅龙上架空喂入不畅等。

1. 收割台前堆积作物的原因及排除方法

①茎秆太短，拨禾轮位置太高且太偏前。此时应尽可能降低拨禾轮高度（以不碰切割器为原则）和尽可能后移（以弹齿不碰搅龙为原则）。

②拨禾轮转速太慢，机器前进速度太快。应合理调整拨禾轮的转速和收割机前进速度，使拨禾轮运动特性系数（λ）在 1.5 ~ 1.7 范围内。

③被收割作物矮而稀。此时应适当提高机器收割时的速度，与此同时，尽可能降低割台高度、拨禾轮高度和拨禾轮后移等综合调整。

2. 被割作物向前倾倒的原因及排除方法

①机器前进速度偏高、拨禾轮转速偏低。此时应适当降低机器前进速度和适当提高拨禾轮转速，一定要保证两者的速度关系在 $\lambda = 1.5 \sim 1.7$ 范围内为宜。

②切割器壅土堵塞。应首先清理壅土，然后查找壅土原因加以排除。另外在操作上，驾驶员应精力集中，注意观察前方地表情况和提高割台的高度，以免割台太低造成切割器壅土，降低切割效果。

③动刀片切割往复速度太低。调整前应查明切割往复速度太慢的原因。首先调整驱动皮带的松紧度，如仍无效果，应检查皮带轮直径是否正确。

3. 作物在割台搅龙上架空喂入不畅的原因及排除方法

①收割机前进速度偏高。其调整方法是根据作物长势适当掌握收割速度。

②搅龙拨齿伸缩位置调整不正确。正确状态应当是拨齿在搅龙筒体的前下方伸出最长，有利于将收割下的茎秆喂入搅龙，而在搅龙筒体靠近倾斜输送器入口处缩进，既有利于喂入输送器又可避免茎秆反带。

③拨禾轮位置偏前（离搅龙太远）。其调整方法是适当后移拨禾轮，要注意拨禾轮压板（或弹齿）与搅龙拨齿间的距离最小不得小于 15 毫米。

五、倾斜输送器链耙拉断的原因及排除方法

倾斜输送器链耙拉断后极易造成较大事故，一旦拉断，链耙耙齿进入滚筒，会导致脱粒装置全部报废。所以使用中应特别注意对倾斜输送室技术状态的检查和调整。造成链耙拉断的原因和排除方法为：

1. 链耙过度磨损、失修（或检修质量差），导致拉断

一旦出现以上问题，应更换新链耙。应当引起注意的是，为避免拉断造成大事故，要在预防上做文章：要提高检修质量；提

高装配质量；作业时进行合理的调整。

2. 链耙调整过紧

紧度调整合适的链耙，应能将链耙的中部用手提起 20 ~ 30 毫米，调整时应保证两边链耙紧度一致，以免被动轴出现偏斜。

3. 链耙张紧调整螺杆的螺母装配位置不正确

如东风 – 5 型收割机倾斜输送器链耙张紧螺杆上端的调整螺母应当靠在支架上，而不是上端的角钢上，否则会使链耙失去 10 ~ 12 毫米的回缩余量，导致链耙损坏。

六、脱粒滚筒堵塞的原因及排除方法

作业中滚筒堵塞是较为常见的现象。一旦发生堵塞，应立即停车熄火，切断脱谷离合器清除堵塞。造成滚筒堵塞的原因及排除方法为：

1. 喂入量偏大（大于设计喂入量）发动机超负荷，严重时导致发动机熄火。作业中一旦感觉发动机超负荷时，应立即用无级变速降低前进速度，减少喂入量，也可踩下离合器踏板，停止收割（油门位置不变），避免堵塞。杜绝堵塞的最根本办法就是严格控制喂入量（要略小于设计喂入量）。

2. 作物潮湿。此时应适当调大脱粒间隙（以脱净为原则），减小喂入量，避免露水大的早晚和夜间收割。

3. 滚筒凹板间隙偏小

应根据收割条件合理调整脱粒间隙。在脱粒干净的情况下，尽量调大滚筒凹板间隙。

4. 发动机工作转速偏低

联合收割机投入作业前，一定要保证发动机技术状态良好，发动机额定功率和转速符合设计标准。

第二节　玉米收割机故障及维修

一、玉米收割机作业时果穗掉地的原因及排除方法

玉米收割机或割台收割过的地面上常有掉穗、断秸秆带穗等现象。

1. 果穗掉地的原因

①分禾器调整太高，倒伏和受虫害植株未扶起就被拉断。

②收割机行走速度太快，未来得及摘穗就被拉断；机器行走速度太慢，夹挡链的速度快，将茎秆向喂入的方向拉断。

③行距不对或牵引（行走）不对行。

④玉米割台的挡穗板调节不当或损坏。

⑤植株倒伏严重，当扶倒器拉扯扶起时，茎秆被拉断，果穗掉地。

⑥收割迟后，玉米秸秆干枯，稍有碰动即可掉穗。

⑦输送器高度调整不当，不适应接穗车厢高度要求等。

2. 排除方法

①合理调整分禾器、扶倒器，使之满足作业要求。

②根据作业中掉穗情况，合理掌握机组作业速度。如被分禾器和扶倒器弄掉穗时，应适当放慢前进速度；当果穗在摘取或刚摘下即掉穗时，则应适当增加前进速度，确保果穗不掉地。

③正确调整牵引梁的位置。牵引方梁与牵引框有 3 个固定位置，作业状态时，应将牵引梁调离扶倒器一边（图 6 - 1）。使牵引机车离开未摘穗的垄行；如地块较湿，行走装置下陷较深，出现打横现象时，可将牵引梁调至中间位置；如在运输状态时，可将牵引梁调至靠近扶倒器一边，使机组运输的总宽度不大于收割机结构宽度。

④根据作业时实际情况，合理调整挡穗板的高度。

⑤作业中，应根据接穗车厢的高度，合理调整输送器的高

度，保证果穗送至车厢内。

⑥尽量做到适期收割。

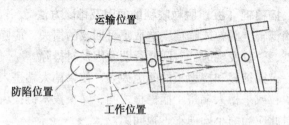

图 6 - 1　牵引板的调整位置

二、拔秸秆的原因及排除方法

4YW-2 型玉米收割机和玉米割台常有将茎秆拔出而丢失果穗的现象。

1. 现象的原因

①拨禾链的速度太快并触及玉米植株的根部，当土地松软时，易拔掉茎秆。

②摘穗板间隙小或摘穗辊、拉茎辊间隙太小或摘穗辊、拉茎辊转速太慢，而收割机组的前进速度太快，因此就拔出了茎秆。

③作物倒伏，而分禾器又调得高。

2. 排除方法

应针对上述情况，分别采取以下措施：

①适当提高割台高度，避免拨禾链触及植株根部。合理掌握拨禾链的速度，将拨禾链的速度和机组前进速度有机地结合起来，以免拔秸。

②根据作业的实际情况，合理调整摘穗板间隙和摘穗辊、拉茎辊间隙；合理调整摘穗辊、拉茎辊转速和机组前进速度。

③收割倒伏玉米时，应根据土地和倒伏程度，合理调整分禾器和扶倒器的高度。收割倒伏严重的玉米，允许扶倒器尖触及地面，但不得插入土中，为增强扶倒效果并防止损坏扶倒器，应尽量放低摘穗装置和调高扶倒器位置，减小与地面的夹角，保持扶

倒器有自然的浮动状态。倒伏不严重时,一般将扶倒器尖端调至距离垄沟底面10厘米左右为宜。

三、摘穗辊（板）脱粒咬穗的原因及排除方法

在摘穗辊上脱粒或咬穗会造成不可回收的损失,应随时认真观察检查,一旦发现应针对问题查明原因及时排除。

第一,摘穗辊和摘穗板的间隙太大,使果穗大端进入摘穗辊受啃而脱粒或果穗大端挤于摘穗板之间,又被拨禾链拨齿拨撞而脱粒。对此应当缩小摘穗辊、板间隙。

第二,玉米果穗倒挂（下垂）较多,摘穗辊、板间隙大,就更易咬穗和脱粒,造成果穗破碎加大损失。作业中如遇此情况,更应特别注意调整摘穗辊、板间隙。

第三,玉米果穗湿度太大（含水率在27%以上）,摘穗时不仅易伤果穗,还容易造成籽粒破碎。对此,应适当掌握收获期。

第四,玉米果穗大小不一或成熟不同。这种情况一般由种子不纯或施肥不均造成。对此应注意选择良种和合理施肥。

第五,拉茎辊和摘穗辊的速度高,而果穗又干燥,则易造成果穗大端和摘穗板、摘穗辊相撞脱粒。这时应降低拉茎辊和摘穗辊的工作速度。

四、剥皮不净的原因及排除方法

在使用设有剥皮装置的玉米摘穗机作业时,摘掉的果穗经过剥皮装置后,仍有较多果皮未被剥掉,不仅浪费了机械作业工时,也给晒场脱粒和贮放造成困难。

1. 产生这种现象的原因

①剥皮装置技术状态不良。

②剥皮辊的安装和调整不当。

③剥皮装置的转动部件转速过低。

④压制器调整不当。

⑤玉米果穗包皮过紧等。

2. 排除方法

①作业前，认真检查玉米摘穗机，确保剥皮装置技术性能良好，转动自如，转速正常，工作可靠。在东方红－75 型拖拉机动力输出轴额定转速为 577 转/分钟时，其剥皮装置的压制送器轴转速必须保持在 90 转/分钟。

②剥皮辊必须拆卸检修时，拆卸前，应按其位置成对的打上记号。安装时，要使每对剥皮辊的螺旋筋要相互对应，不得错开，钉齿不得相碰。钉齿高度在剥皮辊前段为 1.5 毫米，中段为 1.0 毫米，后段为 0.5 毫米。上下辊之间在全长范围内不允许有间隙，弹簧调整不宜过紧，其高度不应小于 41 毫米。

③作业中，应根据剥皮装置的工作情况，及时地对压制器进行调整。调整压制器的高度，可以增大或减小四叶轮对果穗的压力，以利改善剥皮效果。压制器叶片与剥皮辊之间的间隙是以果穗直径的大小而定的，一般情况下以 20 毫米为宜。

五、茎秆切碎不良的原因及排除方法

作业中，玉米茎秆未经过切碎装置或经过但未切成小于 15 厘米长的碎段，达不到均匀铺散于地面上的要求。这不仅不利于茎秆腐烂，发挥茎秆还田的作用，而且在犁耕作业时容易引发堵犁的故障。

1. 造成茎秆切碎不良的原因

①茎秆切碎装置的机件技术状态不良。

②茎秆切碎刀片旋转速度过低或工作位置不当。

③机组未出作业区就将玉米摘穗机升高，使之处于非工作状态等。

2. 排除方法

①作业前，认真检修茎秆切碎机构，确保各机件有良好的技术状态，切碎刀片必须完整无损，刃口要锋锐，装配调整要正确，切割可靠。

②为避免漏摘果穗和漏切碎茎秆，收割地块收割前应先打出

2.1 米宽的割道和 10 米宽的地头机组转弯地带,以便使机组在出入作业区时,及时调整玉米摘穗机的高度。

③作业中,要经常检查切碎装置传动皮带的张紧度。其方法是:用 15~20 千克的力压在三角皮带松边的中部,其挠度应为 10~15 厘米。通过张紧轮调整,确保茎秆切碎装置的额定转速,防止转速过低使茎秆切碎不良。

④按照茎秆切碎装置的形式和安装部位的不同,相应地调整工作位置,以便将茎秆切成小于 15 厘米长的小段,达到茎秆还田目的。

六、果穗混杂物过多的原因及排除方法

装入车厢中的果穗混杂着很多碎小茎秆、叶片和果皮,降低了果穗的清洁率,影响了果穗贮存时的通风晾晒,容易发生霉烂,造成损失。

1. 产生这种现象的原因

①剥皮机上的风扇技术状态不良、转速不够。

②排茎轮技术状态不良或传动皮带打滑。

③摘穗辊调整不当,间隙太小。

④茎秆发青或干枯以及虫害等,容易折断茎秆等。

2. 排除方法

①作业前,应认真检查风机和排茎轮,使之处于良好的技术状态。

②作业中,经常检查风机和排茎轮的工作转速。发现转速过低时,应及时调整,使之始终保持在额定转速状态。

③合理调整摘穗辊的工作间隙,避免茎秆在摘穗过程中折断过多。

第三节　半喂入式水稻联合收割机故障及维修

一、收割装置不能收割作物的原因及排除方法

作业中，一旦出现不能收割作物而把作物压倒的现象时，应立即中止收割，并将收割、脱粒离合器分离，发动机熄火，排查故障。

1. 故障原因

①割刀或输送装置夹有根、稻株、泥土、石块或木片（块）等杂物。

②单向离合器磨损。

③收割驱动皮带打滑。

④作物茎秆被拔起等。

2. 故障排除方法

针对以上原因分别采取以下措施：

①检查割刀和输送装置是否被杂物堵塞或零部件损坏。清除杂物，检查调整割刀和输送装置的技术状态，调整装配间隙，更换损坏的零部件。

②检查找出单向离合器磨损情况，必要时更换新件。

③检查调整收割驱动皮带张紧度和收割离合器的技术状态，必要时进行调整。

④出现茎秆拔起时，应检查分禾板的装配关系，分禾板前端部应调至相同的高度。如因作业速度高造成茎秆拔起，应适当降低作业速度，将副变速杆换入"低速"或"标准"位置。在收割倒伏作物时，应以分禾板不插入稻株，能够操作的适当速度进行收割。

二、收割装置不能输送作物或输送状态混乱的原因及排除方法

作业中一旦出现输送装置不能输送作物或输送作物状态混乱时，应立即停止收割作业，分离收割、脱粒离合器，发动机熄火后再排查故障原因。

1. 故障原因

①链条或爪形皮带松弛。

②脱粒深浅位置不当。

③扶禾装置的输送状态混乱。

④低速作业时输送状态混乱等。

2. 故障排除方法

针对上述原因，其排除方法如下；

①检查输送链条和爪形皮带的张紧装置，必要时进行调整。

②检查调整脱粒深浅控制装置（自动或手动）使穗端对准脱粒喂入口的"脱粒深浅指示标识"的标准位置（调整在作业中进行）。

③检查调节扶禾器变速手柄及副变速手柄位置，必要时调至需要位置。

④检查副变速手柄，通常应在"标准"的位置进行作业。田边用低速（0.1~0.3 米/秒）作业时，如有茎秆堆集于链条脱粒，应将副变速杆置于"低速"位置进行作业。

三、作业中出现割茬不齐的原因及排除方法

作业中出现割茬不齐时，应停止收割作业，分离收割、脱粒离合器，发动机熄火，排查故障。

故障产生的原因及排除方法有以下几点：

①割刀内有泥土或稻草。应清除泥土、稻草并检查割刀间隙和压刃器间隙，必要时调整。如有刀片损坏应更换。

②割刀浮空（间隙偏大）时，应调整割刀间隙和压刃器间隙。

③割刀弯翘时，应校正修直重新装配。

④割刀有缺口或折断时，应更换新刀片。

四、收割作业时跑粮损失太多的原因及排除方法

1. 造成跑粮损失太多的原因

①发动机转速太高。

②脱粒室排尘调节开得过大。

③脱粒装置的风量和清粮筛叶片开度调节不当。

④清粮筛增强板调节不当。

⑤筛选板在"下"的位置。

⑥作物产量高、叶子青等。

2. 故障排除方法

针对上述原因，排除方法如下：

①通过油门手柄，将发动机调至正常转速。

②把脱粒室导板从"开"位置，调至"标准"位置。如作业中脱粒装置发出异常响声时，应对收割速度、脱粒室导板位置和脱粒深浅位置进行检查、调整。直至将损失降低到允许范围为止。

③将风扇风量调至"弱"位或"标准"位，与此同时，向"右"（开）的方向调整清粮筛的叶片开度调节板。

④向机体的前方调整清粮筛增强板。

⑤将筛选板调至"标准"或"上"的位置。

⑥当作物产量高时，应降低收割速度和适当减小割幅。

五、水稻收割作业中，稻粒清选不良的原因及排除方法

收割作业筛选不良主要表现为以下 3 种现象：第一种现象是：收水稻时，小枝梗多、碎粒多；收小麦时，不能去掉麦芒和颖壳；第二种现象是：粮食中有断草和杂物混入；第三种表现是谷粒的破损较多。造成上述各种现象的原因和排除方法介绍如下：

1. 造成小枝梗多、碎谷粒多（收水稻）和不能除掉麦芒、颖壳（收小麦）的原因及排除方法

①发动机转速过低。发动机的正常工作转速应保持在 2 000 转/分钟。过低应通过调节油门手柄的位置，将发动机转速提升到正常作业转速。

②脱粒弓齿磨损严重，见图 6-2。应更换弓齿。

③脱粒室排尘过大。应把脱粒室的导板从"开"位置，调到"标准"位置。

④清选筛（摇动筛）叶片开量过大。应向"闭"的方向调整开量调节板。

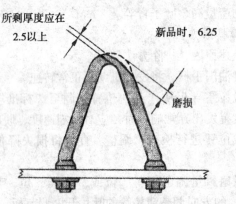

所剩厚度应在2.5以上　　新品时，6.25　　磨损

图6-2　脱粒弓齿（单位：毫米）

2. 谷粒中有断草和杂物混入的原因及排除方法

①发动机转速过低。应将转速调至正常作业转速。

②风扇风量过小。通过风扇皮带轮的调节垫片，将风量调大。

③清选筛（摇动筛）叶片开量过大。应向"左"（闭）的方向调整叶片开量调节板，直至符合要求。

④清选筛（摇动筛）增强板的调节过分打开。应向机体后方调整增强板，直至符合要求为止。

3. 造成谷粒破损过多的原因及排除方法

①发动机转速过高。用油门调整发动机转速至正常工作转速。

②脱粒室排尘过小。应将脱粒室导板调节手柄向开的方向调整，直至满意为止。

③风扇风量过大。应采用变换皮带轮调节片的位置，将风扇

风量调小。

④清选筛（摇动筛）筛子叶片开量过小。应向"右"（开）的方向调整筛片开量调节板，直至符合要求为止。

六、水稻收割作业时出现脱粒不净的原因及排除方法

1. 造成脱粒不净的原因

①发动机转速过低。

②脱粒深浅调节过浅。

③脱粒滚筒转速过低。

④脱粒弓齿磨损严重。

⑤左右茎端链条，供给链条太松。

⑥割刀磨钝、损坏、间隙不正确。

⑦分禾板变形、割幅变宽等。

2. 故障排除方法

①调节油门位置使发动机保持正常作业转速。

②调整脱粒深浅控制装置，使穗端对准脱粒喂入口的"深浅指示标志"的"标准"位置。

③调整脱粒离合器和脱粒滚筒传动皮带的张力弹簧的张紧力，使滚筒转速恢复至标定转速。

④更换磨损超限的脱粒弓齿，见图6-2。

⑤调整张紧弹簧的长度。确保左右茎端链条和供给链条松紧适度。

⑥更换磨损、损坏的刀片，通过增减垫片调整动、定刀片的配合间隙（0~0.5毫米）。

⑦各分禾板如有变形，应进行修理、校正至标准状态，确保作业时割幅的准确性。

七、收割作业中切草器堵塞或切碎茎秆太长的原因及排除方法

1. 故障原因

①切草器传送皮带太松。

②切草器刀片磨损，出现缺口损坏。

③脱粒深浅调节过深或过浅。

④切草器切刀间隙过宽、重叠量太小。

⑤排草通道不畅等。

2. 故障排除方法

排除故障时，一定要停止收割作业，发动机熄火，以免发生人身伤害事故。

①按要求调整切草器传动皮带松紧度。

②如刀片磨钝，应磨刀继续使用。如果是缺口、断裂损坏，应更换新刀片。

③调整脱粒深浅控制装置，使穗端对准脱粒滚筒喂入口处的"脱粒深浅指示标志"的"标准"位置。

④调整输送刀和切草刀的间隙见图6-3，重叠量见图6-4。

⑤清除排草通道的积存杂物，时刻保持排草通道畅通无阻。

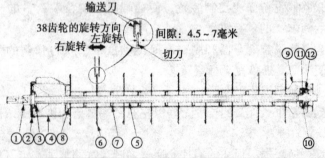

序号	零件号	零件名称	数量	序号	零件号	零件名称	数量
①	5F000-5241-△	切刀轴	1	⑦	5F000-5210-△	衬套	8
②	5F000-5242-△	轴承座	1	⑧	5F000-5219-△	挡圈	2
③	5F000-5243-△	垫圈	1	⑨	5F000-5253-△	排草叶轮	1
④	5F000-5244-△	排草滚筒	1	⑩	5F000-5254-△	锥形盘簧垫圈20	2
⑤	5F000-5212-△	切刀轴套	1	⑪	5F000-5245-△	（左螺纹）六角螺母	1
⑥	5F000-5248-△	切刀	9	⑫	5F000-5256-△	轴承座2	1

图6-3 输送刀和切草刀装配

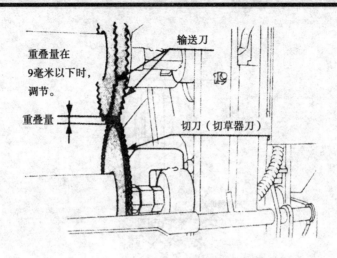

图 6 - 4　输送刀和切草刀重叠量

八、东洋水稻收割机液压转向（双向）迟缓或不能转向而用脚踏板机械转向却正常的原因及排除方法

出现这种不正常现象的原因，通常是由溢流阀与操纵臂间隙和平行度不正常引起的。间隙小、平行度差则转向剧烈突然；间隙大，则易出现不灵或迟缓。排除方法见图 6 - 5，首先调整调节螺杆使操纵臂与溢流阀圆盘平行，然后再将溢流阀圆盘按箭头方向拉出，旋转圆盘调至间隙为 1.5～2 毫米后，用固定螺母固定即可。作业中应经常检查固定螺母的紧固状态，螺母松动会引起间隙变化，造成转向困难。

九、东洋水稻收割机液压转向单向转向失灵而脚踏板机械转向正常的故障原因及排除方法

1. 故障原因

该故障的发生通常是转向油缸（单边）推杆与拨叉轴固定板上的调整螺母间存在间隙造成的。技术要求：油缸推杆与调整螺栓的间隙为零（接触上即可）或稍有间隙感，绝对不能接触过紧，见图 6 - 6。否则，易使拨叉有偏转角，造成齿轮损坏。

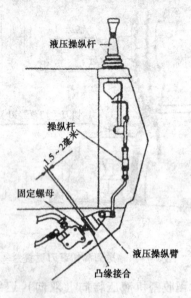

图 6-5　溢流阀和操纵臂间隙调整

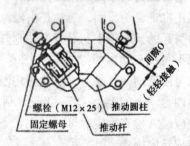

图 6-6　推杆与调整螺栓间隙调整

2. 故障排除的方法

第一步，先观察油缸推杆与调节螺栓间隙的大小，然后启动发动机，操纵转向手柄消除油缸活塞头与螺栓间的间隙；第二步，提升割台并支撑牢固，发动机熄火，然后调整油缸推杆与螺栓间的间隙为零（接触而无压力又活动自如）。千万不要过紧，以免拨叉产生偏转角，造成齿轮损坏。

十、东洋水稻收割机刹车装置的正确调整方法

收割机使用后，可能出现刹车踏板挂钩位置不合适的现象，如刹住车后，刹车踏板上的固定销在挂杆齿角的第一与第二齿之间，出现挂第一齿刹车不可靠（刹不住），第二齿挂不上或左、右两踏板踏死后，深浅不一致的现象。此时应通过调整刹车连杆装置排除故障。

具体方法如下，见图6－7。

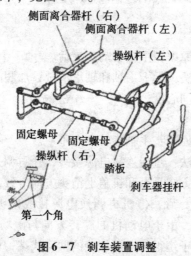

图6－7　刹车装置调整

①先将盖板取下。

②根据踏板实际存在的问题，确定调整内容（一侧或两侧，向深调或向浅调）。通常因连杆松动而往浅方向调。

③调整时，先松开固定螺母（每杆2个），调整连杆长度，调整适当后，试着将两个踏板踏死，然后用刹车挂钩钩住，如正好第一个齿同时钩住2个踏板的固定销，则为调整正确，然后将连杆两端固定螺母拧紧锁定即可。

④调整结束后，盖好盖板。

第七章　磨粉机故障及维修

第一节　圆盘式磨粉机

1. 机器不转

发生故障的原因：主轴转动不灵活。

故障排除方法：拆下主轴和轴承清洗，加润滑油；调节机盖与机体两轴承的同心度。

2. 初试车不出面

发生故障的原因：主轴旋转方向不对。

故障排除方法：重新连接电源接线，任意调换两个电源接线线端，看其旋转方向是否和机盖上箭头方向一致，如一致即旋转方向正确，如不一致，停机再调换电源接线接头（农村常用的三相异步电动机，由于电动机的旋转方向与磁场旋转方向一致，所以任意调换定子绕组与电源相接的两个线端，可以改变磁场旋转方向，因而也就改变了电动机的旋转方向）。电动机的接线方法如图 7-1。

3. 产量降低

发生故障的原因：主轴转速低于额定转速，动力不足；磨片间隙距离过小；磨片磨损。

故障排除方法：调整转速至额定转速；更换大的动力（电动机或柴油机），适当调大磨片的间隙；更换新磨片。

4. 出面口有麸渣

发生故障的原因：筛绢有破口或绢框没压紧。

故障排除方法：修补筛绢或压紧绢框。

5. 麸渣内含面粉多

发生故障的原因：原粮潮湿糊住筛绢孔；进料流量过大；风叶螺旋角过大。

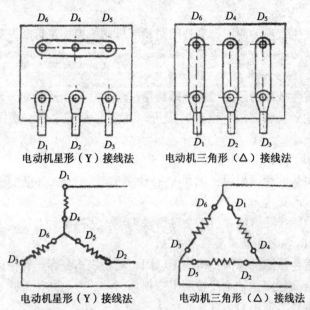

电动机星形（Y）接线法　　电动机三角形（△）接线法

电动机星形（Y）接线法　　电动机三角形（△）接线法

图 7 − 1　电动机接线方法

故障排除方法：晒干原粮，清扫筛绢，调整好进料流量；适当调小风叶螺旋角。

6. 筛绢突然破裂

发生故障的原因：流量突然加大；物料中混有石块或杂物；进料斗插板没关就装原粮。

故障排除方法：控制好进料流量；清选好原粮；关好进料斗插板后再装原粮。

7. 面粉温度高

发生故障的原因：磨粉机超过额定转速，进料过多负荷过大；两磨片间距过小；粮食太湿。

故障排除方法：应保证磨粉机在额定转速下工作，减少进料流量；适当松开调节手轮，增大两磨片间距；晒干原粮。

8. 两磨片空磨

发生故障的原因：磨片间距调节机构压力弹簧折断失效。

故障排除方法：更换新弹簧。

9. 麸渣出得太少

发生故障的原因：风叶螺旋角过小；叶轮顶丝活动。

故障排除方法：调整螺旋角，其角度为 3°～5°；紧固叶轮顶丝。

10. 轴承转动不灵活，温度升高

发生故障的原因：轴承里有较多的粉尘；轴承盖毛毡磨损失效。

故障排除方法：拆下主轴清洗轴承；更换密封毛毡。

11. 机器振动严重或有杂音

发生故障的原因：机座不稳固；磨粉机本身螺丝有松动；物料内杂质较多；轴承严重磨损或损坏；动、静两磨片不同心；主轴的旋转方向不对。

故障排除方法：紧固机座螺栓；紧固机器各部分的螺丝；清选物料；更换磨损或损坏的轴承；调整两磨片的同心度；按机盖箭头方向调整主轴旋转方向。

第二节　锥式磨粉机

1. 初试车不出面粉

发生故障的原因：主要是旋转方向不对。

故障排除方法：按机壳所示旋转方向重新接电动机电源接线。

2. 出面口带麸渣

发生故障的原因：筛绢破漏。

故障排除方法：修补或更换新筛绢。

3. 麸渣内面粉多

发生故障的原因：粮食太潮湿，糊住筛孔。

故障排除方法：晒干粮食，清扫筛绢。

4. 磨头调节不灵活

发生故障的原因：轴承套抱轴；压力弹簧或轴承损坏。

故障排除方法：拆洗轴承，更换损坏的零件。

5. 面粉温度过高

发生故障的原因：喂入量过大，磨头间隙调得过小；粮食太潮。

故障排除方法：减少喂入量，调大磨头间隙；晒干粮食。

6. 轴承温度过高

发生故障的原因：轴承内积满杂物，轴承内缺油。

故障排除方法：拆洗轴承，进行清洁；加润滑油。

7. 机器有杂音

发生故障的原因：粮食内有杂物；轴承损坏；外磨头松动。

故障排除方法：清选粮食；更换轴承；紧固外磨头压紧环。

8. 生产效率低

发生故障的原因：磨头磨损；传动皮带太松；粮食潮湿。

故障排除方法：更换磨头；适当张紧传动皮带；晒干粮食。

第八章 饲料加工机故障及维修

第一节 9PS-500 型饲料加工机故障及维修

（1）电机无力、过热 电机无力的原因可能是由于电机三相电路中有一相断路；电机过热的原因是电机内部线路短路或长时间超负荷运行。此时应及时停机，检查电器设备，调整机组工作负荷。

（2）粉碎机内有异常声响 一般原因是有较大块硬物进入粉碎机内或是粉碎机内零件脱落在粉碎室内。发现这种情况后应立即停机，检查粉碎室内情况。

（3）粉碎机强烈震动，噪音大 发生这种情况的原因可能有以下几种：锤片排列不对，应对照锤片排列图重新安装锤片；个别锤片卡在销轴中没有甩开；粉碎机轴承座固定螺栓松动或轴承损坏；粉碎机锤片或自带风机叶轮磨损后破坏了转子的平衡，此时应及时更换有关零件。

如果检查均无上述现象出现，其原因可能是粉碎机转子对应销轴上的两组锤片重量差过大，应重新选配对应两组锤片，使其重量差不超过 5 克。

（4）粉碎机喂料口返灰 一般原因是由于喂入量过大，造成粉碎机风机提升能力不够，使筛片和吸料管堵塞。这时应及时停机，清除粉碎机筛片上下腔的积料，疏通吸料管，重新调整粉碎机喂入量。

（5）成品配合料颗粒过粗 一般原因是筛片经磨损或异物打击后出现孔洞造成漏筛或者是筛片安装不当，与筛道之间贴合不严造成漏筛。排除方法是更换出现孔洞的筛片或重新安装筛片。

（6）搅拌机流动性变差，混合均匀度不够 产生原因可能是搅拌机内破拱板损坏或传动皮带过松，应及时检查破拱板位置，其正常位置如图8-1所示；检查调整传动皮带松紧度。

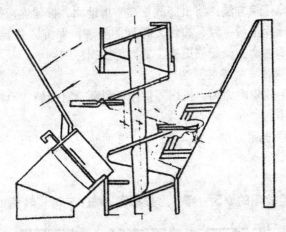

图8-1 搅拌机破拱板位置图

（7）机组操作区内粉尘过多 其原因可能是除尘布袋口未扎紧，输料管各接口、搅拌机上盖等处密封不严造成漏灰。另外，风机壳、输料管弯头和吸料管使用一段时间后也可能磨损，出现孔洞造成漏灰。发现粉尘过多，应及时检查维修上述部位。

第二节 锤片式饲料揉搓机故障及维修

1. 电机无力，电机过热

发生故障的原因：三相电机只有两相运转，有一相断路；电机绕组短路；长期超负荷运转。

故障排除方法：保持三相运转；检修电机，排除绕组短路；

保持额定负荷工作。

2. 机器震动大

发生故障的原因：机座不稳或连接螺栓松动；对应两组锤片重量差太大；锤片排列错误；个别锤片卡住没甩开；转子上其他零件重量不平衡；主轴弯曲变形；轴承损坏。

故障排除方法：将机座放置在平坦地面，拧紧连接螺栓；调整保持锤片重量一致，按锤片排列图安装；保持锤片转动灵活；保证转子平衡；校正或更换主轴；更换损坏的轴承。

3. 揉搓室有异常声响

发生故障的原因：机内零件损坏脱落；有金属、石块等硬物进入机体。

故障排除方法：停车检查，更换损坏的零件；停车清除硬物。

4. 生产率下降

发生故障的原因：锤片磨损严重（图 8 - 2）；转速太低。

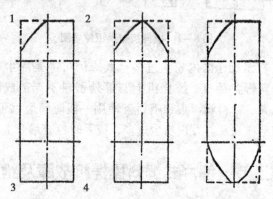

图 8 - 2　锤片磨损示意图

故障排除方法：将锤片调换或更换（图 8 - 3）；调整三角胶带的松紧度，保证额定转速。

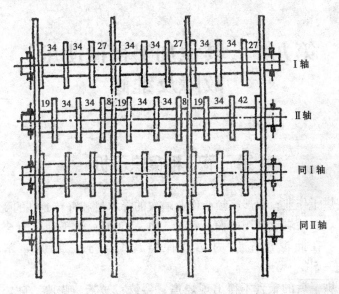

图 8-3　锤片排列示意图

5. 轴承过热

发生故障的原因：轴承座内润滑脂过多、过少或使用时间过长；主轴弯曲或转子不平衡；轴承损坏。

故障排除方法：控制润滑脂量，更换润滑脂；校正主轴，平衡转子，更换轴承。

第九章 其他加工机械使用、故障及维修

第一节 粮食烘干机

烘干作业，要严格控制作业遍次的降水量和籽粒允许的受热温度。一般烘干食用的商品粮为 110~150℃；烘干种子为 65~75℃。在此温度范围内必须保持均匀一致，其偏差不得超过 ±5℃。

烘干后的粮食不得出现烧焦、裂纹、皱褶、膨胀、破碎和有烟熏气味等现象。烘干后的籽粒水分必须达到贮存保管的要求。

一、粮食烘干作业达不到贮存标准的原因及排除方法

1. 烘干后的种子或商品粮，降水量达不到规定的标准的原因

①热气发生炉燃烧不正常，温度不足。

②热空气控制阀门调节过小或冷空气进入过多。

③种粒在干燥室内移动太快，烘干时间过短。

④干燥室内未盛满被烘干的种粒，其主要原因有以下6点：一是粮斗闸门开度过小；二是升运器皮带打滑或输送刮板太少；三是排粮托架摆度调整不当，摆动量过大；四是升运器输送量与托架排粮量不适应；五是通风机转速不够或管道有缝隙，风量不够；六是烘干第一批位于干燥室内下部的种粒，未返回受粮斗中进行重复烘干。

2. 排除方法

①在烘干机开始作业前 1~1.5 小时，应点燃炉子，燃烧后，应关闭添煤口，以免大量冷空气进入，影响增温速度。空气的进入量应能保证燃烧室内燃料充分燃烧。作业中，炉内不得缺少空气，并注意经常清除炉内的灰孔和煤渣，使火焰呈白色或橙黄色状态。

②在确认炉内燃烧正常和整个干燥室及粮箱已装满种粒后，方可开始第一阶段的烘干作业。在向干燥室加热时，应当检查所有的扩散器，把灰尘、杂物和种粒等清除掉；把各检视口的小门全部关闭；把调节进入空气的短管、节气活门完全打开，并转动节气活门封锁杠杆，使之处于通向干燥室的位置；拧开风扇和风扇吸气管上的节气活门。在炉子变换通向干燥室的位置之前，禁止打开节气活门，避免由冷却室将种粒带到扩散器和风扇里去。用热气扩散器前面的温度计，严格监测控制热空气的温度。

③由干燥室下部（冷却室）第一批放出的未干燥的种粒数量不得少于烘干室容量的一半，并将回粮管移到干燥室的受粮斗中，进行再次烘干。

④为确保干燥室的稳定性，种粒应不断地供入受粮斗。受粮斗闸门的开度应调至溢粮管经常有倒回的种粒为宜，以便保持粮箱内的种粒不致缺少，并经常处于水平状态。

⑤为防止干燥室内装不满种粒，烘干机烘干的每批种粒最低数量不应少于烘干机内所能盛装种粒的数量。

⑥作业中应经常检查热空气的温度（每隔 15~30 分钟）。烘干种子时，应按表 9-1 的要求进行，烘商品粮豆时，热空气温度应保持在 110℃。干燥室下部种粒加热温度应符合表 9-2 所规定的标准。检查种粒加热温度方法是：由热空气供给的一侧的最下层 3~4 处取样，将样品装入 60 毫米×80 毫米×130 毫米的带盖的木盒中，由盖上的小孔插入温度计，测定种粒温度，即

为种粒加热的最高温度。

⑦在烘干作业中，如发现炉火不旺，燃烧不良时，应加大通风口或关闭空气进入支管上的闸门，并使通风机转速保持在1 150转/分钟，以加强炉内的燃烧。

⑧烘干机排出种粒量的多少，通过偏心机构上的齿形垫圈进行调节。

⑨烘干作业中，通风机节气活门的开度调节，在不吹跑种粒的前提下，应尽可能开至最大限度。如发现通风机和管道有不严密处，应进行堵塞封闭，以防漏风。

表9－1　粮食烘干温度要求

作物	烘干前湿度（%）	经烘干湿度达15%时的遍数	热空气温度（℃）	加热种子最高允许温度（℃）
麦类	18 以内	一遍	70	45
	21 以内	一遍	65	45
	27 以内	第一遍	60	43
		第二遍	65	45
	27 以上	第一遍	55	40
		第二遍	60	43
		第三遍	65	45
豆类	18 以内	一遍	60	45
	21 以内	一遍	55	43
	27 以内	第一遍	50	40
		第二遍	55	43
	27 以上	第一遍	45	38
		第二遍	50	40
		第三遍	55	43

表 9 - 2　不同湿度的麦类作物种粒加温要求

作物名称	种粒原湿度（%）	种粒加温的临界温度（℃）
小麦	18 以内	52
	18 ~ 22	50
	22 以上	48
大麦	18 以内	62
	18 ~ 22	60
	22 以上	55

二、粮食烘干作业出现烘干过度的原因及排除方法

烘干机内温度超过规定标准，使种粒失去发芽能力。

1. 出现这种现象的原因

①对种粒烘干温度的确定和掌握不正确，热空气温度过高。

②作业人员未及时检查和测定热空气及种粒的温度。

③排粮机构摆动量调节不当，种粒在干燥室内烘干的时间过长。

2. 排除方法

①在种粒温度超过最大允许温度时，应立即降低热空气温度，如种粒仍感过热时，可适当加大干燥室的出粮量。

②根据烘干过度的具体原因，参照有关办法加以解决。

三、粮食烘干作业出现种粒降湿不均的原因及排除方法

种粒经烘干后，存在含水量大小不一现象，降水率极不一致，影响烘干效果，不利于贮存保管。

1. 出现这一现象的原因

①热空气温度调节的不均，忽高忽低。

②冷空气风扇的进风量不稳，时多时少。

③干燥室内局部出现堵塞，部分种粒下移速度不均。

④排粮机构技术状态不良，运转不正常。

⑤烘干前种粒含水量大小不均，相差很大等。

2. 排除方法

①作业前，应注意检修烘干机排粮机构，使其技术状态完好，运转正常，确保干燥室内种粒能均匀稳定地向下移动和撒落在输送搅龙中排出。

②必须经常检查热空气温度的变化，气温差不得超过规定标准的±5℃。如热空气量不足时，可将通风机口加大或关闭空气进入支管上的调整闸门。为降低热空气的温度，可打开调节室进入支管上的闸门，加大进入炉内气体混合室的空气量。如仍感不足，则可关闭通风口。

③作业中应严格控制热空气温度的均匀性和通风机转速的稳定性，以防止种粒湿度呈周期下降的弊病。

④作业中，发现未经烘干的种粒湿度相同，而经过烘干后的种粒湿度不均时，则应将干燥室内的种粒全部放出，检查并清扫干燥室和排粮机构，消除种粒在干燥室内向下移动的不一致性。当发现靠近干燥室侧壁的种粒有烘干过度的现象时，应关闭干燥室内半鱼鳞壳的专用塞子，将靠接侧壁的半鱼鳞壳 1～3 个或全部关闭，不让或少让热空气通过。

四、粮食烘干作业出现种粒膨胀的原因及排除方法

经烘干后的种粒出现不同程度的膨胀、裂纹和皱褶等现象，使粮食的商品等级下降，造成经济损失。

1. 出现这种不良现象的原因

主要是由于在种粒含水量过大的情况下，急于烘干，采用热空气温度过高，一次烘干，降水量过大（超过6%），造成种粒膨胀等不良现象。

2. 排除方法

烘干作业一定要根据种粒含水量不同，按照规定的烘干作业要求进行操作。严格控制热空气和种粒的温度。如果种粒含水量过大，应分若干次进行，切忌急于求成。

第二节 液压榨油机

手动6YS-90型液压榨油机常见故障及排除方法见表9－3。

表9－3 6YS-90型液压榨油机常见故障及排除方法

故障表现	产生原因	排除故障
油泵抽不出油	1. 油渣过多，滤网或进油阀及管道堵塞 2. 底阀失灵 3. 油箱内油不合适或缺油	1. 彻底清除油渣，使油路畅通 2. 更换损坏的钢球、弹簧，研磨阀座 3. 更换合适的油或加满油箱
油泵压力不够	1. 出油阀失灵，手柄自动升起 2. 柱塞磨损，间隙过大	1. 更换损坏部件 2. 重新配零件
压榨时，饼坯漂榨	1. 饼坯含水太高 2. 饼坯温度太低 3. 压得太急太猛	1. 饼坯含水量应小于7% 2. 饼坯温度应保持在75～85℃ 3. 轻压、慢压，不要太猛
安全阀失灵	1. 油不清洁，沾污针阀 2. 针阀与阀口磨损 3. 弹簧损坏或变形	1. 拆下清洗 2. 修理或更换 3. 更换弹簧，修后重新调压试验
油缸活塞密封不好	1. 密封圈损坏 2. 密封圈装反	1. 更换新密封圈 2. 重新装配
油箱漏油	1. 油泵柱塞密封性不好 2. 油管接头漏油 3. 出油阀油嘴损坏	1. 更换新密封圈 2. 拧紧或更换接头 3. 更换油嘴

主要参考文献

［1］刘国芬.农村加工机械使用技术问答.北京：金盾出版社，2006

［2］董克俭.农业机械故障排除 500 例.北京：金盾出版社，2008

［3］鲁植雄.手扶拖拉机常见故障诊断排除图解.北京：中国农业出版社，2009